JN011711

ホワット・WHAT イズ・IS ライフ？LIFE?

生命とは何か

ポール・ナース 著
竹内薫 訳

ダイヤモンド社

What is Life? – Understand Biology in Five Steps
written by Paul Nurse
edited by Ben Martynoga

Published by arrangement with David Fickling Books, Oxford
through Tuttle-Mori Agency, Inc., Tokyo

父であり友人でもあるアンディー・マーティノーガへ。
孫のゾーイ、ジョゼフ、オーウェン、ジョシュア、
そしてこの惑星の「生命」を
気にかける必要がある若い世代に贈る。

まえがき

一羽の蝶がきっかけで、私は生物学を真面目に考えるようになった。

ある早春の日、たぶん一二歳か一三歳だったと思う。庭に座っていたら、黄色い蝶がひらひらと垣根をこえて飛んできた。その蝶は向きを変え、ほんのちょっとのあいだ、羽ばたきしながらその場に留まった。羽の上に、精緻に浮かび上がる血管や模様が見えた。次の瞬間、影がさすと、蝶はふたたび飛びたち、反対側の垣根の向こうへと消えていった。

その複雑で完璧に作られた蝶の姿を見て、私は思った。自分とはまったく違うけれど、どことなく似ている。私と同じように、蝶はまぎれもなく生きている。動くことも感じることも反応することもできて、「目的」に向かっているように思われた。実に不思議だ。

生きているっていったいどういうことなんだろう?

生命って、なんなんだろう?

私は人生を通じてこの問題を考えてきたが、満足のいく答えは簡単には見つからない。意外かもしれないが、生命についての標準的な定義などないのだ。それでも、科学者たちは年月をかけ、この問題と格闘してきた。

本書の『生命とは何か(ホワット・イズ・ライフ?)』という題名は、物理学者エルヴィン・シュレディンガーの著書へのオマージュだ。彼は一九四四年に同書を出版したが、その影響は大きかった。

シュレディンガーは、生命のある重要な側面に焦点を当てていた。熱力学の第二法則によれば、つねに無秩序や混沌へと向かってゆく森羅万象の中で、生き物たちが、どうやって、こんなにも見事な秩序と均一性を何世代にもわたって保っていられるのか。これが大問題であることを、シュレディンガーは的確に捉えていた。彼は、世代間で忠実に受け継がれてゆく「遺伝」を理解することが鍵だと考えたのだ。

この本で、私も同じ疑問を投げかけよう。

生命とは何か?

しかし、私は遺伝を読み解くこと「だけ」で完全な答えが得られるとは考えていない。私は生物学の五つの重要な考え方をとりあげる。そして、読者のみなさんと一緒に、その五つの階段を一段ずつ上っていって、生命の仕組みについての、はっきりとした見通しにたどりつくつもりだ。

この五つの考え方は別に私が考え出したものじゃない。生命体がどう機能するかを説明するものとして、むかしから一般的に受け入れられているものだ。でも、私は、この五つの考え方を新たな形で結びつけ、そこから生命を定義する「統一原理」を導き出すつもりだ。この本を読み終えたとき、読者が新鮮な目で生物界を眺められるようになれば、とても嬉しい。

初めに言っておきたいのだが、われわれ生物学者は、偉大なひらめきや大理論を口にするのをためらう傾向がある。物理学者とは正反対だ。われわれは、たとえば、特定の生息地にいるすべての種をリストアップしたり、カブトムシの脚の毛を数えてみたり、何千個もの遺伝子の配列を解析したりして、研究の細部に心地よく没頭している印象があるかもしれない。

生物学者が、単純明快な理論や統一的な考え方を避けがちなのは、自然の見事な多様性に圧倒されるからかもしれない。とはいえ、全体像を見る考え方は生物学にもあり、それは、きわめて複雑な生命の「意味」を理解する助けとなる。

私が説明しようと思う五つの考え方とは、一．細胞、二．遺伝子、三．自然淘汰による進化、四．化学としての生命、そして、五．情報としての生命だ。こうした考え方がどこから発生し、なぜ重要なのか、そして互いにどのように関わりあっているのかを説明したい。また、世界中の科学者が新しい発見をする度に、この五つの考え方が変化し続け、現在でもさらに発展していることを示したい。

さらには、科学的発見に携わることがどのようなものか、読者に味わってもらえるように、私が個人的に知っている人たちも含め、進歩に貢献した科学者たちも紹介したい。実験室での研究にまつわる私自身の経験についても話すつもりだ。「実験室」には、直感やフラストレーション、幸運、そしてめったにないが、本当に新たな知見へとつながる、素晴らしい瞬間がつまっている。

科学的な発見のワクワクする高揚感を読者と分かちあい、自然界への理解が深まってゆくことで得られる満足感を経験してもらえたらと思う。

人間の活動は、気候やそれが支えている生態系を、限界ぎりぎりまで、いや、もしかしたら限界を超えるところまで追い詰めている。地球上の生命を今のまま維持するためには、生物界を研究して得られるすべての知見が必要になるだろう。

そのため、今後数十年で、生物学がますます重要な舵取り役を担ってゆくだろう。人々の生き方、生まれ方、食料問題、パンデミックから身を守る治療などを選択しなくてはならない。だから私は、生物学的な知識の応用例だけでなく、厳しい代償や、倫理的な不確かさ、予期せぬ結果についてもこの本で説明したい。しかし、こうしたかを問う必要がある。

喫緊の課題に入る前に、まずは生命とは何か、そしてそれがどのように機能しているかを問う必要がある。

われわれは畏怖の念を生じさせるほど広大な宇宙に生きている。でも、大きな全体の小さな片隅で栄える命こそが、最も魅力的でミステリアスなのだ。すでに書いたが、この本で説明する五つの考え方は、地球上の生命を定める原理をゆっくりと明らかにしてゆくための階段だ。

地球の生命が、最初にどのようにして始まったのか、そして、もし宇宙のどこかで生命体に遭遇するとすれば、それはどんなものなのか。そういったことを考える手助けにもなる。あなたの出発点がどのレベルにあろうと、そう、科学って苦手だなぁと感じている人も、どうか怖がらないでほしい。この本を読み終えるころには、あなたや私や繊細な黄色い蝶、そしてこの惑星上のすべての生き物が、どのようにつながっているのか、より深く理解してもらえるはずだ。

私と一緒に、「生命とは何か」という大いなる謎に迫ろうではないか。

目次

ステップ2 遺伝子

時の試練をへて

ステップ3 自然淘汰による進化
偶然と必然

ステップ4 化学としての生命

カオスからの秩序

ステップ5 情報としての生命

全体として機能するということ

世界を変える

生命とは何か？

ステップ 1

細胞

細胞は生物学の
「原子」だ

生命の基本単位

私が授業で初めて細胞を見たのは、黄色い蝶に出くわしてから間もなくのことだった。発芽した玉ねぎの種子が配られ、その根を顕微鏡スライドの下に押しつぶして、何でできているかを見た。生物学のキース・ニール先生は、生徒にインスピレーションを与えてくれる。

「生命の基本単位である細胞が見えるんだよ」

先生の言う通りだった！　箱状の細胞が縦に積み重なって整然と並んでいた。その小さな細胞たちの増殖と分裂が、玉ねぎの根を土の下へと押し進め、足場を固めると同時に、成長してゆく植物に水と養分を供給している。とっても印象的だった。

細胞について学ぶにつれ、驚きの念は膨らんでいった。細胞には、信じられないほどさまざまな形と大きさがある。ほとんどは小さすぎて裸眼では見えない。本当にちっちゃいんだ。膀胱（ぼうこう）に感染する寄生虫細菌の細胞なんか、一ミリメートルの隙間に三〇〇〇個も横に並べることができてしまう。

　巨大な細胞もある。たとえば朝食のお皿にのっている卵。その黄身全体がたった一つの細胞だなんて驚きだ。われわれの身体の細胞にも巨大なものがある。たとえば、背骨のつけねから、はるか足の爪先まで届く神経細胞。たった一個なのに、この細胞は長さが一メートルもあるんだ！

　こうした多様性は驚くべきことだが、最も興味深いのは、あらゆる細胞に共通する部分だ。科学者は常に基本的な単位をつきとめることに関心がある。

　基本的な単位の最たる例が、物質の基本単位である原子だ。で、生物学の「原子」は細胞なんだ。細胞はあらゆる生命体の基本的な構造単位であるだけでなく、生命の基本的な機能単位でもある。つまり、細胞は生命の中核をなす特徴を備えた、いちばん小さな存在というわけ。生物学者はこれを「細胞説」と呼んでいる。人類が知る限り、地球の生きとし生けるものは、一個の細胞か、あるいは、たくさんの細胞からできている。細胞は、誰が考えたって、生きているいちばん単純な物体だ。

細胞説は、およそ一世紀半前からあり、生物学の重要な基礎の一つとなった。生物学を理解するうえで、この考え方はとっても重要だ。それなのに、みんなは、あまり細胞説になんぞ興味がないように見える。実に不思議だ。

もしかしたら、みんなが学校の生物学の授業で、「細胞は、複雑な存在の単なる構成要素にすぎないんですよ」なんて教わるせいかもしれない。実際には、細胞は、はるかに面白いものなんだけれど！

細胞の物語は一六六五年に始まった。科学アカデミーの草分けとして設立されたばかりのロンドン王立学会の会員、ロバート・フックが見つけたんだ。科学ではよくあることだけれど、彼の発見のきっかけとなったのは新技術だった。ほとんどの細胞は小さすぎて裸眼では見えないから、細胞は一七世紀初頭に顕微鏡が発明されるまで発見されなかった。

科学者は理論家と熟練した職人の両方の側面を兼ね備えていることが多い。フックはまさにその典型で、物理学や建築学や生物学における未知の分野を探究しながら、やすやすと科学機器を発明していた。彼は自分で顕微鏡をこしらえ、それを使って、裸眼では手の届かない場所に隠れている、奇妙な世界を探索した。

薄く切ったコルクは有名だ。フックが顕微鏡を覗(のぞ)くと、壁に囲まれたちっちゃな空洞がずらりと並んでいた。三〇〇年後、私が学校で、玉ねぎの根の端っこで見たのと同じような細胞だ。フックは、ラテン語で小さな部屋を意味する「cella(ケラ)」に因んで、小部屋を細胞(cell(セル))と名づけた。当時のフックは、自分がスケッチした細胞が、実際にはあらゆる植物の基本的な構成要素であるだけでなく、全生命の基本であることには気づいていなかった。

フックの発見から間もなくして、オランダの研究者アントニ・ファン・レーウェンフックが、重大な観察を行い、単細胞の生命体を発見した。彼は微小な生物が、池から採った水の中で泳ぎ回ったり、自分の歯からこそげ落とした歯垢の中で成長するのを見つけた。この観察結果は彼の気分を害した。自分の歯の衛生状態にはちょっぴり自信があったからだ！

彼はこの小さな生き物に「アニマルクル」（animalcule）という愛らしい名前をつけたが、この呼び方はあまり広まらなかった。彼の歯の間で繁茂しているのが見つかった生き物は、実際には、初めて人類が記録した細菌（バクテリア）だった。レーウェンフックは、微小な単細胞の生命体という、まったく新しい領域を偶然、発見したのだ。

現在では、地球の生命体のほとんどは、細菌やその他の微生物細胞（「微生物」はたった一つの細胞で生きることができる微小生命体の総称）であることが分かっている。微生物は、上は大気の上層部から下は地殻にいたるまで、あらゆる環境に生息している。微生物ぬきでは、生命の営みが停止してしまう。

微生物はゴミを分解し、土を作り、動植物が成長するために必要な栄養素や、空気中から得た窒素を再循環させる。ひるがえって、科学者がわれわれの人体を調べれば、人の三〇億個ともいわれる細胞すべてに、最低一つは微生物が棲んでいる。誰もが微生物の細胞を抱え込んでいる。

人は誰しも、孤立して切り離された存在ではなく、人の細胞と微生物細胞がからみあい、絶え間なく変化し続ける、巨大なコロニーなんだ。こうした微小な細菌やカビの仲間の細胞は、人体の中で、われわれとともに生きており、食べ物の消化や病気との戦いに影響を与えている。

しかし、一七世紀になるまで、こうした目に見えない細胞が存在していることなど、誰も想像だにしなかった。ましてや、それらが目に見える他のすべての生命体と同じ基本原理にしたがって機能しているなんて。

すべての細胞は細胞から生じる

一八世紀から一九世紀始めにかけて、顕微鏡技術が進歩すると、科学者たちは、待ってましたとばかり、あらゆる種類の生き物の細胞を識別していった。「すべての動植物は、（かつてレーウェンフックが見つけた）アニマルクルの集まりでできているのかもしれんぞ」と推測する科学者もあらわれ始めた。

そして長い準備期間を経て、ついに完全な細胞説が誕生した。一八三九年、植物学者のマティアス・シュライデンと動物学者のテオドール・シュワンは、自分たちも含む研究者の成果の集大成として、こう記した。

「あらゆる生命体は、本質的に似たパーツ、すなわち細胞でできている」

生命の基本的な構造単位が「細胞」だという明快な結論に科学が達した瞬間だ。

すべての細胞がそれ自体で一つの生命体だと生物学者たちが気づいたことで、さらに知見が深まっていった。こうした着想は、一八五八年に草分け的な病理学者のルドルフ・フィルヒョーが記した、次のような言葉によくあらわされている。

「すべての動物は、生命の完璧な特徴を備えた『命の単位』の集まりなのだ」

つまり、細胞は、それ自体で生きている。生物学者が、動物や植物という多細胞体から細胞を取って、ペトリ皿と呼ばれる、底が平らなガラスやプラスチックの器の中で生かしておく行為は、この事実を鮮やかに証明している。

こうした細胞株の中には、世界中の実験室で何十年にもわたって成長し続けているものもある。細胞株のおかげで、研究者は生物まるごとの複雑さに対処する必要なしに、生物学的プロセスを研究することができる。細胞は動くことができ、環境に対応し、その中身は常に活動している。動物や植物みたいな、まるごとの生命体と比べると単純に見えるが、それでも細胞は間違いなく生きている。

とはいえ、シュライデンとシュワンによって打ち立てられた元々の細胞説には、重大なギャップがあった。「新しい細胞がどのようにして発生するか」が説明できていなかったのだ。その後、細胞が一つから二つに分裂することで繁殖することに生物学者たちが気づき、「細胞は、すでにある細胞が二つに分裂することによってしか作られない」という結論に達したことで、このギャップは埋められた。

フィルヒョーは、「すべての細胞は細胞から生じる」（Omnis cellula e cellula）というラテン語の標語で、この知見を世に広めた。この標語は、当時まだ一部で好まれていた、生命は無機物からうじゃうじゃ湧いてくるという、間違った考え方への反論となった。うじゃうじゃ湧くなんてことはないんだ。

細胞分裂は、あらゆる生物の成長と発達の基礎だ。一つの均一な動物の受精卵が細胞の「玉」へと変化し、それから、最終的に胚というとても複雑で組織化された生物へ変わってゆくための、最初の重要な一歩。すべては細胞が分裂して、異なる二つの細胞を作り出すところから始まる。

その後の胚の発達全体も、これと同じプロセスに基づいて進む。細胞分裂を繰り返し、細胞がどんどん個別の組織や器官へと成長するにつれ、ますます精巧にパターン形成された胚が形作られる。

つまり、すべての生命体は、大きさや複雑さに関係なく、たった一つの細胞から出現する。誰もが、かつては精子と卵子が結合して受胎した瞬間に形作られた、たった一つの細胞だったんだ。そのことを思い起こせば、みんなもう少し細胞に敬意を払ってもいいのではなかろうか。

優れたモデル

細胞分裂はまた、神秘的とも思える、身体が自らを治癒する方法も説明してくれる。痛っ！　あなたがこのページの端で手を切ったとしよう。そんなとき、傷を治し、健康な身体を保つのを助けてくれるのが、傷口の周りで起きる局所的な細胞分裂だ。

ただし、がんは、新たな細胞分裂を引き起こす身体の能力にまっこうから対立する不幸な存在だ。がんは、細胞の制御不能な増殖と分裂によって引き起こされ、悪い影響を広げ、身体に損傷を与えたり、命すら奪いかねない。

成長、修復、変性、悪性化は、すべて、病気の有無や年齢を問わず、われわれの細胞の性質の変化と関わっている。実のところ、大半の病気は細胞の機能不全に由来する。だから、細胞のどこがおかしくなっているかを理解しないことには、病気を治療する新たな方法を開発することもままならない。

細胞説は、生命科学や医療行為の研究の方向に影響を与え続けている。細胞説は私の人生にも劇的な影響を与えた。一三歳のとき、目を細めて顕微鏡を覗き込み、あの玉ねぎの根っこの細胞を見た瞬間から、私はずっと細胞とその機能に好奇心をそそられてきた。生物学者として研究を始めたとき、私は、細胞がどのようにして自分自身を再生したり、分裂を制御したりするかを研究しようと心に決めた。

私が一九七〇年代に研究を始めた際に使用したのは酵母細胞だった。酵母細胞は、ワインやビールやパンを作るのには適しているけれど、生物学上の根本的な問題に取り組むのには向いていないんじゃない？　そう、ほとんどの人は思うだろう。でも、実際には、酵母細胞は、もっと複雑な生物の細胞の機能を理解するための優れたモデルなのだ。

酵母は菌類だけれど、その細胞は植物や動物の細胞に驚くほどよく似ている。しかも、酵母は小さくて比較的単純だから、質素な養分で育ててもすぐに成長してくれる。ようするに安上がりなんだ。研究室では培養液に浮かべたり、プラスチックのペトリ皿に入れたゼリーの層の上にのせたりして育てたが、酵母細胞はそこで直径数ミリメートルほどのクリーム色のコロニーをたくさん作って、それぞれのコロニーには何百万もの細胞が含まれていた。

酵母細胞は単純であるにもかかわらず、というよりも、むしろ単純だからこそ、人間の細胞も含め、ほとんどの生物の細胞が「どのように分裂するか」を理解するために役立ってきた。がん細胞の制御不能な細胞分裂について、われわれが知っていることの多くは、この慎ましい酵母の研究がもとになっている。

生命の二つの大きな枝

細胞は生命の基本単位だ。その一つひとつが生き物で、脂質でできた細胞膜に包まれている。でも、原子が電子や陽子などからできているのと同じように、細胞もさらに小さな部分からできている。現代の顕微鏡は非常に強力なので、生物学者はそれを使って、複雑でときにとても美しい細胞内の構造を明らかにする。

構造物の中でいちばん大きいのは「細胞小器官」で、それぞれ別々の細胞膜の層で覆われている。なかでも「核」は、染色体に記された遺伝命令を含む、細胞の指令センターだ。一方、細胞によっては何百個も含まれている「ミトコンドリア」は、ミニチュアの発電所の役割を果たし、細胞が増殖して生き延びるために必要なエネルギーを供給してくれる。他にも細胞内のさまざまな器官や区画が、材料を細胞から出し入れして、それを細胞の内部で運び回るだけでなく、細胞のパーツを組み立てたり、壊したり、再生したりするなど、高度な生産・物流機能を果たしている。

もっとも、すべての生物が、こうした膜で包まれた細胞小器官や複雑な内部構造を備えているわけじゃない。核があるかないかで、生命は二つの大きな枝に分けられる。細胞に核を含んでいる生命体、たとえば動物、植物、菌類などは「真核生物」と呼ばれる。核がない生命体は「原核生物」と呼ばれ、ようするに細菌か古細菌だ。古細菌は、大きさや構造からすると細菌と似ているが、実際にはとても遠い親戚だ。いくつかの点で、古細菌の分子の働きは、細菌よりも、われわれのような真核生物に近い。

原核生物か真核生物かに関わらず、細胞のきわめて重要な部分は「外膜」だ。外膜は分子二つ分の厚みしかない。それでも、細胞を周囲の環境から隔てる柔軟性のある「障壁」を作り、どこが「内側」でどこが「外側」かをはっきりさせている。哲学的な意味においても実際的な意味においても、この障壁こそが肝だ。

最終的に外膜は、宇宙全体を覆っている無秩序や混沌へと向かう力に、生命が首尾よく抵抗できる理由を説明する。細胞は隔離してくれる膜の内側で、自分たちが稼働するために必要な秩序を定め、それを高めてゆく。同時に、自分を取り巻く周囲の環境に無秩序を生むことができる。こうやって帳尻合わせをすれば、生命は熱力学の第二法則（訳注：あらゆるものは時間とともに秩序立った状態から無秩序な状態へと向かう、という物理法則。生き物は秩序あるものを食べて無秩序なものを排せつすることで、体内の秩序を保っている）に背くことはない。

あの蝶のように……

すべての細胞は、内部状態と周りの世界の状態の変化を検出して反応することができる。自分たちが棲んでいる通常の環境から隔てられても、周囲とは密接に連絡をとりあっている。さらに細胞は、自分たちが生き残って繁栄できるような内部状態を維持するために、常に活性化して働いている。このような性質は、子どものころに私が見たあの蝶や、それこそ人間のように、目に見える大きさの生物のふるまいと共通している。

事実、細胞は、あらゆる種類の動植物や菌類と、たくさんの特徴を共有している。細胞は成長し、繁殖し、自らを維持しており、これらすべてを行うことによって目的に向かっているように見える。とことん存続し、生き残り、繁殖するのだ。

レーウェンフックが自分の歯の間から見つけた細菌から、あなたが今この言葉を読むことを可能にしているニューロンにいたるまで、すべての細胞は、すべての生き物と共通点がある。細胞がどのように機能するかを理解することで、生命の仕組みの理解へと近づく。

　細胞の存在の中核をなすのが遺伝子だ。次にそれについて見ていこう。遺伝子は、細胞が自分を作って編成するために必要な命令を「暗号」にする。そしてその命令は、細胞や生物が繁殖する際に、新しい世代に引き継がれなければならない。

ステップ 2 遺伝子

時の試練をへて

「遺伝子」の発見

私には二人の娘と四人の孫がいる。みな素晴らしく個性的だ。たとえば長女のサラはテレビのプロデューサーで、次女のエミリーは物理学の教授だ。しかし、彼女たちや、その子どもたち、私や妻のアンとの間で共通な特徴もある。家族の似方は、身長や瞳の色、口や鼻のカーブ、独特な仕草や顔の表情など、よく似ているものもあれば、ほとんど似ていないものもある。組み合わせもさまざまだが、そこには紛れもなく何世代にもわたる連続性が見られる。

すべての生物に通じる明らかな特性として、親と子が似ていることがあげられる。アリストテレスや他の古代哲学者たちも、はるか昔に気づいていたことだが、遺伝の生物学的な原理は、なかなか解明できない謎だった。長年にわたり、さまざまな説明がなされてきたが、現代からは少しばかり奇妙に思える説もある。

たとえば、アリストテレスは、特定の「土壌」の質が種から植物への成長に影響を及ぼすのと同じように、「母親」だけが胎児の発達に影響を及ぼすにちがいないと考えていたんだ。かと思えば、「血が混ぜ合わさること」で説明がつくと考えた人たちもいた。子どもは両親の二人が半々に混じったものを受け継ぐという考えだ。

遺伝の仕組みをもっと現実的に理解するためには、「遺伝子」の発見が必要だった。遺伝子は、複雑にからみあった、家系を貫く類似性と、その人独自の特徴といった謎を解明するのに役立つ。そして、生命が、細胞や生命体を作り、維持し、再生するために不可欠な情報源でもある。

（現在のチェコ共和国にある）ブルノ修道院の修道院長だったグレゴール・メンデルは、遺伝の謎を理解した最初の人物だ。でも、彼は、不可解なことが多い人間の家族の遺伝パターンを研究したわけじゃない。彼は、エンドウ豆を使って入念な実験を行い、その着想が最終的に、われわれが現在、「遺伝子」と呼んでいるものの発見へとつながったんだ。

メンデルは、遺伝の意味を探るために科学実験をした初めての人物ではなかったし、植物を使って答えを見つけ出そうとした最初の人物でもなかった。彼よりも前に、植物をかけ合わせる育種家（ブリーダー）たちは、植物のいくつかの特徴が、直感と相容れない方法で世代から世代へと伝えられることを記録に残していた。種類の異なる二つの親植物を交配させた子孫は、まるで二つを「混ぜ合わせた」みたいになることがあったのだ。

たとえば、紫の花をつける植物と白い花をつける植物をかけ合わせると、ピンクの花をつける植物を生み出すことがある。かと思えば、特定の世代において常に優位を示す特徴もある。たとえば、紫の花を咲かせる植物と白い花を咲かせる植物の子孫が、すべて紫の花をつけるような場合だ。

初期の先駆者たちは、興味深い手がかりをたくさん集めたが、人間を含むすべての生物において、遺伝がどのように働いているのか、そして、植物においてどのように機能しているのかさえ、充分に理解されることはなかった。しかし、これこそがまさに、メンデルがエンドウ豆の研究で明らかにし始めたことだった。

メンデルの庭

一九八一年、冷戦のさなか、私はメンデルが仕事をしていた場所を見るために、ブルノにある聖アウグスチノ修道会の修道院をめざして巡礼の旅に出た。今のように観光名所になるずっと前のことだ。

庭は、当時はかなり草ぼうぼうだったが、驚くほど広かった。かつてメンデルがそこで育てたエンドウ豆が、何列も並んでいる様子が容易に想像できた。彼はウィーン大学で物理科学を学んだが、教師の資格が取れなかった。

それでも、物理学の訓練は役に立った。膨大なデータが必要なことを、彼は、はっきりと理解していたからだ。サンプルが多ければ多いほど、重要なパターンを見つけ出せる可能性が高まる。彼の実験では、一万以上のエンドウ豆を使ったものもあった。

彼より前に、これほど厳密で大規模な定量的アプローチを取ったブリーダーは一人としていなかった。

実験の複雑さを軽減するために、メンデルは明確な違いを示す特徴にだけ注目した。何年もかけて、入念に計画して交配させた種の結果を記録し、他の人たちが見逃していたパターンを突き止めた。特定の花の色や種の形など、独特な特徴を示すエンドウ豆と、示さないエンドウ豆の「比率」を観測したのは特筆すべきだろう。

決定的だったのは、こうした比率をメンデルが数字であらわしたことだ。彼はこれをもとに、エンドウ豆の花の中にある雄の花粉と雌の胚珠は、親植物のさまざまな特徴にかかわる「エレメント（要素）」を含んでいると唱えた。このエレメントたちが受精して一緒になったとき、次の世代の植物の特徴に影響を及ぼすのだ。しかし、メンデルにはエレメントの正体や働きは分からなかった。

不思議な偶然で、メンデルと同じころ、もう一人の高名な生物学者チャールズ・ダーウィンが、キンギョソウと呼ばれる花と交配させた植物を研究していた。彼もメンデルと似たような比率を観測したが、それが何を意味するか解明しようとはしなかった。いずれにせよ、メンデルの研究は同時代の人たちから、ほぼ完全に無視され、彼の提案を真剣に受け止めてくれる人があらわれるまで、まるまる一世代かかった。

その後、一九〇〇年ごろ、他の生物学者たちが、（メンデルとは独立に）同じような研究成果を再現し、さらに発展させて、遺伝がどのように機能するかをもっとはっきりと予測し始めた。これがやがて、先駆者の修道僧に敬意を表して名づけられた「メンデル説」、さらには遺伝学の誕生へとつながってゆく。ようやく世界が注目し始めたのだ。

メンデル説によれば、遺伝的特徴は、一対（ペア）の物理的な粒子の存在によって決まる。この「粒子」はメンデルが「エレメント」と呼んだもので、現在では遺伝子と呼ばれている。メンデル説は、この粒子の正体をつきとめることはできなかったが、それが受け継がれる仕組みについては非常に正確に説明している。

とりわけ重要なのは、こうした結論が、エンドウ豆だけでなく、酵母から人間にいたる、すべての有性生殖種にあてはまることが徐々に明らかになっていったことだ。

あなたの遺伝子は一つ残らず一対で存在している。生物学上の両親から一つずつ受け継いだのだ。遺伝子は、あなたが受精した瞬間に結合した、精子と卵子によって伝えられた。

「小さな糸」のふるまい

メンデルの発見が「休眠状態」にあった一九世紀最後の三〇年ほど、科学そのものが停滞していたわけではない。研究者たちは、ようやく細胞分裂にかかわる細胞の全体像をはっきりつかむことができるようになった。こうした観測結果が最終的に、メンデル説の提唱する「遺伝する粒子」と関連づけられたとき、遺伝子が生命活動で果たす中心的役割にしっかりとピントが合った。

早い段階で得られた手がかりの一つが、「小さな糸」みたいな微細構造の発見だ。

一八七〇年代に最初にこの構造を見つけたのは、軍医から細胞生物学者に転じたドイツのヴァルター・フレミング。彼は、当時としては最高の顕微鏡を使って、小さな糸たちの興味深いふるまいを観察した。

細胞が分裂する準備が整うと、この糸たちは縦に半分に分かれ、その後、短く太くなっていくのが見えた。そして、細胞が二つに分裂するとき、この糸たちも分離し、半分ずつ新しく形成された娘細胞（訳注：分裂する前の細胞を母細胞、分裂した後の細胞を娘細胞と呼ぶ）の中に収まった。

そのとき、フレミングが目撃していながら、充分に理解していなかったのは、これがメンデル説の遺伝する粒子、つまり、目に見える物理的な形であらわれた遺伝子だったことだ。フレミングが「糸」と呼んだものは、現在では「染色体」と呼ばれている。染色体はすべての細胞に存在する物理構造で、遺伝子を含んでいる。

同じころ、遺伝子と染色体についての別の決定的な手がかりが、思いもよらぬ場所からあらわれた。回虫の受精卵である。ベルギー人の生物学者、エドゥアール・ヴァン・ベネーデンが、回虫の最も早期の発達段階を入念に調べていたら、受精したばかりの胚の最初の細胞に、四つの染色体が含まれているのが顕微鏡越しに見えた。卵子と精子からきっちり二つずつ染色体を受け取っていたんだ。

これは、二組の一対になった遺伝子が受精の瞬間に一つにまとまるという、メンデル説の予測とぴったり一致していた。その後、ヴァン・ベネーデンの観測結果は幾度となく確認された。卵子と精子には染色体の半分があり、二つが融合して受精卵ができるとき、すべて揃った数の染色体が作られる。今では、回虫の有性生殖にあてはまることは、人間を含むすべての真核生物にもあてはまることが分かっている。

染色体の数はさまざまだ。エンドウ豆はそれぞれの細胞に一四個、人間には四六個、そしてアトラスブルーという蝶にいたっては、四〇〇個以上の染色体がある。ヴァン・ベネーデンにとって幸いだったことに、回虫にはたった四個しかない。もっとたくさん染色体があったら、たやすく数えることなどできなかっただろう。

回虫という比較的単純な例を注視することで、彼は遺伝の普遍的な真理を垣間見ることができたんだ。単純な生物系を用い、はっきりと解釈できる実験から始めれば、生命がどのように機能するかについて、より広い知見へつながる可能性がある。そんなわけで、私はもっぱら、複雑な人間の細胞ではなく、単純で簡単に研究できる酵母細胞を調べて職歴の大半を過ごしてきた。

フレミングとヴァン・ベネーデンの発見を合わせると、染色体は、分裂する「細胞」の世代間と、「生物」の世代間との両方で遺伝子を運んでいることが明らかになる。(成熟すると、核とその遺伝子を失ってしまう赤血球のような、いくつかの特殊な例外は別にして) われわれの身体のあらゆる細胞には、遺伝子の全情報が書かれたコピーがある。

この遺伝子たちには重要な役割がある。受精卵細胞が、身体全体まで発達できるように号令をかけるのだ。そして、その生命体の生涯にわたって、遺伝子は、それぞれの細胞が、自分を形作って維持するためになくてはならない情報を与えてくれる。

細胞が分裂するたびに、遺伝子一式がコピーされ、新しく作られた二つの細胞間で均等に共有されなければならない。つまり、生物学において、細胞分裂は「繁殖」の基本例なのだ。

遺伝子の正体

生物学者にとって次の大きな課題は、遺伝子の正体と機能を理解することだった。最初の大きな知見は一九四四年に訪れた。ニューヨークで、分子生物学者のオズワルド・アベリーが率いる少人数のグループが実験を行い、遺伝子を作っている物質を特定したのだ。

アベリーと同僚たちは、肺炎を引き起こす細菌を研究していた。その結果、無害だったはずの種類も、毒性の強い菌株の死んだ細胞の残存物と混ざると、危険な毒性のある形態に変わる可能性があることが分かった。決定的に重要なのは、この毒性が遺伝することだった。細菌は、いったん毒性を持つと、その特性をすべての子孫に伝える。

　このことから、死んだ毒性の細菌から、生きている無害な細菌へと、化学物質の遺伝子が伝えられ、その性質を永久に変えてしまったにちがいないと、アベリーは考えた。そして、こうした遺伝子の変質の原因が、死んだ細菌のどの部分にあるかをつきとめれば、最終的に遺伝子の正体を世に示すことができることに気づいた。

　実際に、変質の鍵となる特性を備えているのは、デオキシリボ核酸であることが判明した。デオキシリボ核酸は、「ＤＮＡ」という略語の方が聞き覚えがあるだろう。そのころには、細胞の中で遺伝子を運ぶ染色体にＤＮＡが含まれていることは広く知られていたが、大方の生物学者は、

「ＤＮＡなんて、単純で取るに足らない分子だろう。遺伝みたいに、複雑怪奇な現象の原因であるはずがない」

と、考えていた。彼らは間違っていた。

　われわれの染色体には、中心部に単一で切れ目のないＤＮＡ分子がある。ＤＮＡはめちゃめちゃ長くなることがあり、次から次へと鎖状に並んだ、何百何千もの遺伝子

を含んでいる。たとえば、人間の二番染色体には一三〇〇個以上の異なる遺伝子の列があり、このDNAを引き伸ばすと、長さは八センチメートルを超える。

われわれの小さな細胞一つに含まれる四六本の染色体を合わせると、DNAが二メートル以上になるという、尋常ではない計算値が導き出される。DNAは、奇跡のような手際のパッキング（梱包）によって、直径が数千分の一ミリメートルほどの細胞に見事に収まっている。

さらに言えば、あなたの身体の数兆個の細胞の内側でとぐろを巻いているすべてのDNAを、どうにかしてつなぎ合わせ、それを引き伸ばせたなら、およそ二〇〇億キロメートルの長さになる。これは、地球から太陽までを六五回も往復できる長さだ！

アベリーはとても控えめな人物で、自分の発見をあまり大げさに吹聴しなかったせいか、彼の結論に批判的な生物学者もいた。しかし、アベリーは正しかった。遺伝子はDNAでできている。この真実がようやく理解されて浸透し、遺伝学と生物学全体の新たな時代の到来を予感させた。遺伝子はついに、物理と化学の法則に従う安定した原子の集まり、すなわち、化学物質として理解されたのだ。

最強の凸凹コンビ

すばらしき新時代の幕開けを真に告げたのは、一九五三年のＤＮＡ構造の解明だった。生物学の重要な発見の多くは、大勢の科学者の仕事の上になりたっている。何年も何十年もかけて、現実の性質をこつこつと剥ぎ取り、重要な真実を徐々に明らかにしてゆく地道な作業だ。

しかし、電撃的に、目を瞠（みは）るような知見に達することもある。ＤＮＡの構造もそうだった。僅（わず）か数ヶ月のうちに、ロンドンで研究していた三人の科学者、ロザリンド・フランクリン、レイモンド・ゴスリング、モーリス・ウィルキンスが決定的な実験を行い、その実験データをケンブリッジ大学にいたフランシス・クリックとジェームズ・ワトソンが解析し、ＤＮＡの構造を正確に推測したのだ。しかも、それが生命にとって何を意味するのかも彼らは素早く理解した。

後に、彼らがもっと年をとってから、私はクリックとワトソンととても親しくなった。二人は対照的な組み合わせだった。フランシス・クリックは実に論理的で、カミソリのように頭が切れた。彼は問題を薄切りにしていって、その眼光で文字通り問題を溶かしてしまうのだった。

ジェームズ・ワトソンは直感力に優れ、他の人たちには見えていない結論に一気に達したが、どうやってそこへたどり着いたかは必ずしも明確ではなかった。二人とも自信にあふれ、率直にものを言うため、ときには辛辣だったが、若手科学者たちと積極的に意見を交換しあっていた。彼らは最強の凸凹コンビだったんだ。

クリックとワトソンが示したDNA二重らせんの真の美しさは、優雅にらせんを描く構造の優美さにあるんじゃない。この構造が、生命の生き残りと永続性を支えるために遺伝子が果たす、二つの鍵を説明している点にあるんだ。

まず、細胞や生物そのものが成長し、持続し、繁殖するために必要な情報をDNA

が「暗号化」する必要がある。次に、新しい細胞や新しい生命体が、完全に揃った遺伝命令を受け継げるよう、DNAは、自らを精密に「複製」しなくてはならない。

ねじれた梯子のようなDNAのらせん構造は、この二つの決定的な機能を説明している。まず、DNAがどうやって情報を所持しているかを見てみよう。梯子の段はそれぞれ、ヌクレオチド塩基と呼ばれる化学分子が一対ずつ結合してできている。

塩基はたった四種類しかない。アデニン（Adenine）、チミン（Thymine）、グアニン（Guanine）、シトシン（Cytosine）の四つだ。それぞれ頭文字を取って、A、T、G、Cと略記される。DNAの梯子の二本の鎖にあらわれる、この四種の塩基の順序が、情報を含んだ暗号としての機能を果たす。ちょうど今、あなたが読んでいるこの文章で、文を作っている文字列の順序によって意味が伝わるのと一緒だ。

それぞれの遺伝子は、細胞へのメッセージを含んだ、決まった長さのDNA暗号でできている。そのメッセージは、たとえば、ある人物の瞳の色を決定する色素を作り出したり、エンドウ豆の花の細胞を紫色にしたり、肺炎を引き起こす細菌の毒性をもっと強くするための命令かもしれない。細胞は、この遺伝子の暗号を「読むこと」によってDNAからメッセージを手に入れ、その情報を目的通りに機能させる。

次に、ある世代の細胞や生命体から次の世代へと、遺伝子のすべての情報がきちんと伝わるように、DNAの正確なコピーを作る必要がある。梯子の段を作っている二つのヌクレオチド塩基の形と化学的な性質によって、塩基はたった一つの方法で正確に一対になるようになっている。

なんと、塩基AはTとだけ、そしてGはCとだけしか手をつなぐことができないんだ。つまり、DNAの一方の鎖の塩基の順序が分かれば、もう一方の鎖のヌクレオチド塩基の順序は自動的に決まる。たとえば、片方がACGT……なら、もう片方はTGCA……といった具合に。

だから、二重らせんをバラバラにして二本の鎖に分けたとき、それぞれの鎖は、別れた相手の複製を作り直すための完璧な「鋳型(いがた)」になる。クリックとワトソンは、DNAの構造を知るやいなや、細胞はまさにこの方法で、染色体や遺伝子を形作るDN

Aを複製しているのだと気づいた。

「遺伝子暗号」に挑め

遺伝子は、特定のタンパク質の作り方を細胞に指示することによって、細胞、ひいては生命体全体のふるまいに大きな影響を与えている。この情報は生命の中心的役割を演じている。なぜなら、タンパク質は細胞の中の仕事の大半を担っているのだから。細胞の酵素、構造、運用システムのほとんどはタンパク質からできている。仕事をするために、細胞は二種類のアルファベットを上手に使いこなす。

一つめはA、T、G、Cという文字からなるDNAの四文字のアルファベット。そして二つめはもっと複雑なタンパク質のアルファベットだ（タンパク質は二〇種類のアミノ酸というパーツが順序よく並んだもの）。一九六〇年代までに、遺伝子とタンパク質の基本的な関係は理解されていたが、細胞がどのようにしてDNAの言語をタンパク質の言語へ変換するかは分かっていなかった。

この関係は「遺伝子暗号」として知られ、生物学者たちにまさしく暗号パズルをつきつけた。この暗号は一九六〇年代終わりから一九七〇年代初めにかけて、研究者たちによって次々と解読された。私がいちばんよく知っているのはフランシス・クリックとシドニー・ブレナーだ。シドニーは私が出会った中で、最もウィットに富む、科学者らしからぬ人物だった。

私はかつてシドニーの就職面接を受けたことがある（結局、職を得ることはできなかったが！）。彼はオフィスの壁に掛けてあるピカソの絵画「ゲルニカ」に描かれたクレージーな人物たちに、同僚たちをなぞらえた。彼のユーモアは、思いもよらないものを関連づけることから生まれており、それは科学者としての計り知れない創造性の源でもあると思う。

彼らやその他の暗号解読者たちは、A、T、G、CというDNAの四文字のアルファベットが、DNAのらせん階段に「三文字単語」として配列されており、この単語の多くがタンパク質の特定のアミノ酸パーツに対応していることを示した。

たとえば、DNAのGCTという「三文字単語」は、アラニンと呼ばれるアミノ酸を新しいタンパク質に加えるように細胞に指示するし、TGTはシステインと呼ばれるアミノ酸を求めている。遺伝子は、特定のタンパク質を作るために必要な「三文字単語」の配列だったんだ。

たとえば、βグロビンという名のヒトの遺伝子は、四四一個のDNAアルファベット（A、T、G、C）にきわめて重要な情報を含んでいる。それは一四七個の「三文字単語」の羅列になっていて、細胞が、アミノ酸一四七個分の長さのタンパク質分子へと変換する。ちなみに、βグロビン・タンパク質は、ヘモグロビンと呼ばれる酸素を運ぶ色素を形成するのを助ける。ヘモグロビンは赤血球細胞にあり、そのおかげで、われわれは生き続けられるし、血は赤く染まるんだ。

遺伝暗号を理解できるようになると、生物学の中心課題ともいうべき謎が解ける。遺伝子の静的な情報がどうやって、生きた細胞を構築して動作させるような活性化したタンパク質分子を作るのかが分かったんだ。

ＤＮＡの暗号を解読することで、生物学者が遺伝子の配列を容易に説明し、解釈し、変更することができる、現代社会への道が開かれた。当時、この進歩が重大すぎたため、細胞生物学と遺伝学における最も根本的な問題は解決されてしまったと判断して、研究を打ち止めにしてしまった生物学者もいた。あのフランシス・クリックでさえ、細胞と遺伝子から人間の意識の謎へと研究対象を鞍替えしたくらいだ。

半世紀を経た現在、まだすべてがなしとげられておらず、ホコリを払われていないことは明らかだ。とはいえ、生物学者たちは飛躍的な進歩に貢献してきた。一世紀のあいだに、理論上の要素でしかなかった遺伝子像ががらりと姿を変えた。一九七三年に私が博士課程を終えたころ、もはや遺伝子は単なる着想や染色体の一部ではなくなっていた。遺伝子の正体は、細胞の中で働くタンパク質を暗号化する、ＤＮＡヌクレオチド塩基の鎖だったのだ。

生物学者はすぐに、染色体のどこに特定の遺伝子があるのかを見つけ、それを抜き出したり、染色体のあいだを移動させたりする方法を学んだ。遺伝子を異なる種の染色体に挿入する方法すら獲得した。

たとえば、一九七〇年代後半には、（血糖値を調整する）インスリン・タンパク質を暗号化するヒト遺伝子を入れ、病原性大腸菌の染色体が再構築された。遺伝子組み換えされた細菌は、人間の膵臓（すいぞう）で作られるのとそっくりなインスリン・タンパク質を手頃な値段で大量に生成してくれる。おかげで、世界中で何百万人もの人々が、糖尿病を管理できるようになった。

一九七〇年代には、イギリスの生化学者フレッド・サンガーが、遺伝情報を「読む」方法を考案し、また一つ決定的な革新をもたらした。彼は化学反応と物理的手法を巧妙に組み合わせ、遺伝子を構成するすべてのヌクレオチド塩基の性質と配列を特定したのだ（これはＤＮＡ塩基配列決定法と呼ばれている）。

異なる遺伝子ごとのＤＮＡ文字の数は、何百から何千という膨大な範囲にわたっているが、それを読んで、できあがるタンパク質を予測できるようになったのだ。大きな前進だった。並外れて控えめであると同時に、並外れて優れていたフレッドは、二つのノーベル賞をもらうこととなった！

ヒトゲノム解析計画の成果

二〇世紀の終わりまでに、私たち人間のものも含め「ゲノム」（＝細胞や生命体に含まれる遺伝子一式）の配列を決定できるようになった。二〇〇三年までに、人間のゲノムのＤＮＡ三〇億文字すべての配列が、ほぼ完全に決定された。生物学と医学にとって大きな前進だったが、それ以降も、進歩の歩みは止まっていない。最初のゲノムの塩基配列決定には一〇年かかり、費用も二八〇〇億円以上にのぼったが、現在のＤＮＡ塩基配列解析装置（ＤＮＡシーケンサー）なら、同じことを一日か二日で、ほんの数万円も払えばできてしまう。

当初のヒトゲノム解析計画から得られた最も重要な成果は、われわれの遺伝形質の基礎となる、すべての人間に共通する、およそ二万二〇〇〇個にも及ぶタンパク質を暗号化する「遺伝子の一覧表」だった。これらの遺伝子は、みんなが共有している特徴と、一人ひとりを別々の個人にしている遺伝形質との両方を決めている。

これだけでは、人間であるとはどういうことかを説明するには充分ではないけれど、この知識がなければ、われわれの理解は常に不完全なままだろう。それは、演劇の登場人物たちのリストを手にしているのとちょっぴり似ている。そのリストは必要不可欠な出発点であって、次に待っているもっと大きな課題がある。それは、脚本を書き、登場人物たちに息を吹き込んでくれる俳優を見つけることだ。

細胞分裂のプロセスは、「細胞」と「遺伝子」という発想を結びつける上できわめて重要な役割を担っている。分裂するたびに、その細胞内のすべての染色体のすべての遺伝子がまず複製され、次に二つの娘細胞に均等に分けられなければならない。そのため、遺伝子の複製と細胞の分裂には、緊密な連携プレーが求められる。

息が合わなければ、必要な遺伝子命令が一式揃わず、死んだり正常に機能しない細胞ができてしまう。この連携プレーは、新しい細胞ごとに、その誕生を取りまとめる「細胞周期」というプロセスによって実現される。

DNAは、細胞周期の初めの「S期」と呼ばれる段階で合成・複製され、その後、新しく複製された染色体が分かれる（いわゆる「有糸分裂」）。これによって、細胞分裂で生じた新しい二つの細胞のそれぞれが、確実に完全なゲノム情報を持つことになる。

細胞周期は、生命の重大な側面を明らかにしている。非常に複雑な反応だが、すべてが化学反応に基づいているということだ。こうした反応は、それ自体では生きているとは見なされない。新しい細胞を作り出すのに必要な何百もの反応すべてが連携し、ある目的を実行するシステムを築くとき初めて、命が始まる。それが細胞周期の任務だ。DNA複製の化学反応に命を吹き込み、細胞を再生するという目的を達成するのだ。

細胞周期研究との出合い

生命を理解する上で、細胞周期が根本的に重要であることに私が気づいたのは、二〇代初めのことだった。当時私は、イースト・アングリア大学ノリッジ校の大学院生で、科学の道を続けるための研究プロジェクトを探していた。一九七〇年代に開始したこの研究プロジェクトに、全人生を費やすほどの情熱を傾けるようになるなんて、夢にも思わなかった。

細胞が生きているあいだに起きる他のほとんどのプロセスと同じように、細胞周期は、遺伝子とそれが作り出すタンパク質によって実行される。私の研究室の長年の野望は、細胞周期を実行する遺伝子を特定し、それがどのように機能するかを見つけることだった。

そのために、われわれは分裂酵母（東アフリカでビール造りに用いられている酵母で、パン酵母のように出芽せず分裂する）を使った。この酵母は比較的単純だが、その細胞周期が、われわれ人間のような、はるかに大きな多細胞生物を含め、他の多くの生命体で見られる細胞周期とかなり似ているからだ。われわれは、細胞周期に関与する「突然変異型」の遺伝子を含む酵母株を見つけることから着手した。

遺伝学者は「突然変異」という言葉を特別な意味で使う。突然変異した遺伝子は、必ずしも異常だったり破損しているとはかぎらない。単に「異なる型の遺伝子」という意味なのだ。メンデルが交配させた植物株は、花の色を決定するための重要な遺伝子が変異したせいで、花の色が紫や白になっていた。

それとまったく同じロジックで、異なる色の瞳を持つ人は、人間の明らかな変異株と見なすことができる。そしてたいていの場合、変異のどちらを「正常」と見なすべきかという話には意味がない。

変異は、遺伝子のＤＮＡ配列が変えられたり、配列し直したり、削除されたりしたときに発生する。変異は、通常は、紫外線や化学物質などによって与えられた細胞の損傷か、DNA複製と細胞分裂のプロセス中にたまたま発生するエラーが原因だ。細胞は、こうしたエラーの大部分を見つけて修復する精緻なメカニズムを備えているので、変異は稀（まれ）にしか起きない。ある推計によると、あなたの細胞の一つが分裂するたびに、平均してたった三つの変異しか発生しない。これは、DNA一〇億文字につき一つくらいという、恐ろしいほど低いエラー率だ。

でも、いったん変異が発生すると、変性タンパク質を作り出す、さまざまな形態の遺伝子を生み出すことができ、それらを受け継ぐ細胞の生物学的機能を変えてしまうんだ。

遺伝子の働き方を役立つ形で変えることで、革新の原因をもたらす変異もたまにあるけれど、多くの場合、変異は遺伝子が適切な機能を実行するのを妨げてしまう。たった一つのDNA文字の変化が、大きな影響を及ぼすことだってある。たとえば、子どもがβグロビン遺伝子の特定の変異型のコピーを二つ受け継ぐと、DNA文字のたった一つの変化によって、ヘモグロビン色素の効果が充分にあらわれず、鎌状（かまじょう）赤血球症と呼ばれる血液疾患を発症してしまう。

分裂酵母細胞が細胞周期を制御する方法を知りたい。そう思った私は、適切に分裂できない酵母の株を探した。（細胞周期がうまく制御できない）変異型が見つかれば、細胞周期に必要な遺伝子がどれかを特定できるからだ。

一九七四年、「あの瞬間」のこと

私は研究室の同僚たちと、細胞分裂はできないが、成長することはできる、分裂酵母の変異型を探すことから始めた。こういった細胞を顕微鏡で見つけるのはとても簡単だった。一度も分裂することなく成長し続けるため、異常に大きくなっているからだ。

長年にわたり、実のところ四〇年以上もかけて、研究室では、こうした大型細胞の酵母菌株を五〇〇以上も特定してきた。そして、そのすべてが、細胞周期の特定の事象に必要な遺伝子を不活性化する変異を持っていることが分かった。このことは、細胞周期にかかわる遺伝子が少なくとも五〇〇はあることを意味する。それは、分裂酵母で見つかった遺伝子の総数五〇〇〇の約一〇パーセントに当たる。

これは大きな一歩だった。これらの遺伝子は、明らかに、酵母細胞が細胞周期を完了するために必要だったのだ。しかし、この遺伝子たちが必ずしも細胞周期を制御しているわけではなかった。

自動車の仕組みを思い浮かべてみてほしい。壊れてしまったら自動車が動かなくなる部品はたくさんある。たとえば、車輪、車軸、車体、エンジンなど。これらの部品はもちろん、すべて重要だけれど、運転手が自動車の速度を制御するために使うものは一つもない。細胞周期に話を戻すと、われわれが本当に見つけたかったのは、アクセルやギアボックスやブレーキに相当するものだったんだ。つまり、細胞がどれだけ「速く」細胞周期を進んでゆくかを制御する遺伝子だ。

結局のところ、私はまったくの偶然からお目当ての遺伝子に出くわした。今でも一九七四年のあの瞬間が鮮明に記憶によみがえる。私は顕微鏡を使って、異常に巨大化した酵母の変異細胞たちのコロニーを次々に探していた。なんとも骨が折れる作業だった。なにしろ私が調べるコロニーのうち一万個に一つくらいしか興味を引くものがなかったんだから。

それぞれの変異細胞を見つけるのに、まるまる半日を費やし、日によっては、まったく見つけられないこともあった。

あるとき、私は異常に小さな細胞を含んだコロニーに気づいた。最初はペトリ皿を汚染した細菌のせいだろうと思った。かなりよくあるイライラの種だ。でも、注意して見てみると、それらが実際にはもっと興味深いものをあらわしていることに気づいた。もしかしたら、成長する時間を経る前に、細胞周期を終えてしまい、小さなサイズのまま分裂した変異体ではなかろうか?

この考えは正しいことが判明した。細胞がどれだけ素早く分裂をして、その細胞周期を完了するかを制御する遺伝子が変異していた。これこそまさに、私が探し求めていた遺伝子だった。こうした細胞はアクセルに欠陥があって速く進みすぎてしまう自動車にちょっぴり似ている。今の場合は、細胞周期が速く進んでしまうのだった。

私はこの小型な株を、エジンバラで分離されたことに因んで、「ウィー（wee）」変異体と名づけた。スコットランド語で「wee」は「小さい」を意味するんだ。正直に言うと、半世紀たった今となっては、このウィットも使い古されてしまった！

この最初のウィー変異体で変異していた遺伝子は、もっと重要な、細胞周期の制御の中核をなす遺伝子とも連動しているらしいことが分かった。そうこうしているうちに、またもや偶然によって、私は二つ目の捕まえにくい遺伝子も見つけた。

私は何ヶ月もかけて、異なる小細胞性ウィー変異体を、五〇個近くも丹念に集めていた。これは、異常に大きな細胞の変異体を見つけるよりも、骨が折れる仕事だった。一つひとつを見つけ出すのに一週間近くもかかったんだ。この難しい挑戦は、苦心して特定した株のほとんどが、その頃までに*wee1*（ウィー1）と名づけてあった遺伝子の微妙に違う変異体で、あまり興味深いものではなかったことから、状況がさらに悪化した。

cdc2遺伝子の特定

ある湿っぽい金曜日の午後、私はまた別のウィー変異体に気づいた。今回は、間違いなくペトリ皿が汚染されていた。ペトリ皿も、私の目に留まった異常に小さな酵母細胞も、侵入してきた菌類の長い巻き毛で覆われていた。

疲れていたし、汚染菌類を取り除くのは時間がかかり、うんざりするような作業であることが分かっていた。いずれにせよ、この新しい株は十中八九、また同じ*wee1*遺伝子の変異型に違いないと思った。私はペトリ皿をゴミ箱に放り込むと、一服するために家に帰った。

その夜、私は急に後悔の念におそわれた。もしこの変異体が他の五〇のウィー変異体とは別物だったらどうする？　とりわけ暗くジメジメしたエジンバラの夜の帳（とばり）が下りていた。でも私は、いてもたってもいられず、自転車に飛び乗ると、丘を駆け上って研究室に戻った。

それから数週間かけて、侵入した菌類から新しいウィー変異体をなんとか分離した。そして、これが*wee1*遺伝子の変異体では*ない*ことが分かり、私は狂喜乱舞した。なんと、まったく新しい遺伝子で、最終的に、細胞周期の制御方法を紐解く鍵だったのだ！

この新しい遺伝子を細胞分裂周期2（cell division cycle 2）、略して*cdc2*と名づけた。ふりかえってみると、この細胞周期の謎の核部分に、もっとエレガントな、少なくとも、もっと覚えやすい名前をつけておけばよかった！　この本でも後ほど、*cdc2*の話題をみなさんにもっと詳しく聞いてもらうことになるので、なおさらそう思う（訳注：生物学では、*cdc2*の「遺伝子」は小文字から始まり、C*dc2*の「タンパク質」は大文字から始まる、という約束事がある）。

今にして思えば、実行することも考えることも、すべてがシンプルに進んだ。そして、とても運がよかった。探してもいなかった最初のウィー変異体を偶然見つけたこと。そして「失敗した」実験をゴミ箱から回収したこと。最終的に細胞周期の主役へたどり着いた、二度の運命のいたずら。科学において単純な実験と考えは、勤勉さと希望、そしてもちろん時折の幸運なタイミングと合わさったとき、まばゆい光を放つものなんだ。

こうした実験の多くは、私がまだ若手研究者で、家には小さな子どもがいて、エジンバラ大学のマードック・ミッチソン教授の研究室で働いていたころに行った。ミッチソン教授は実験をするのに必要な場所と機材を提供してくれただけでなく、私の実験に絶えず助言や意見をくれた。

あれだけのものを提供してくれながら、私の論文の共同執筆者に名前を連ねようとはしなかった。「自分はさほど貢献していない」とお考えのようだったが、もちろんそんなことはない。こうした寛容さこそが、科学者として最も大切なことだったが、世の人々は、こういったことには案外無頓着なものだ。

ミッチソン教授は興味深い人物だった。とにかく寛容で、ちょっとシャイで、自分の研究に没頭していた。教授は、他人が自分の研究に興味を持っているかどうかなど、ほとんど関心がなかった。わが道をゆく。教授がまだ存命だったら、こんな風にここで私が教授の人となりを取り上げることをお許しにならなかっただろう。しかし、最も良い研究とは、きわめて個人的であると同時に、徹底して共有しあうものだということを示してくれた教授に、心から感謝したい。

生命は遺伝子なしには存在できない。新しい世代の細胞や生命体は、それぞれ、成長し、機能し、繁殖するために必要な遺伝命令を受け継ぐ必要がある。

つまり、生物が長期的に存続するためには、遺伝子は自らを正確に、そして慎重に複製しなければならない。そうすることでのみ、DNA配列は幾度(いくたび)の細胞分裂を経ても、安定に保たれ、遺伝子は「時の試練」に耐えられる。細胞は目を瞠るような厳密さでこれを達成する。

その結果、あなたの細胞を制御する二万二〇〇〇個の遺伝子のDNA配列は、現在、この地球上にいるすべての人々のものと、ほぼ完全に一致する。何万年も前、先史時代の真っ只中で狩りをし、食べ物を集め、焚き火を囲んで話を交わしていた、われわれの祖先たちのDNAとも、ほとんど区別がつかない。

あなたの生まれつきの特徴と私の特徴、さらにわれわれと先史時代の祖先たちとを区別する変異は、すべて合わせても、DNA暗号の総数の一パーセントに満たない。これは、二一世紀の遺伝学における最大の発見の一つなんだ。

DNA「文字」三〇億個分の長さがある、われわれのゲノムは、性別、民族、宗教、社会階級にかかわらず、とてもよく似ている。こうした平等性は、世界中の社会が充分に理解すべき重要な事実だ。

もちろん、全員の遺伝子に点在する多様性を無視することはできない。全体として見れば僅かだが、個人の生物学的特徴や命の歴史に多大な影響を及ぼすことがある。私は変異のいくつかを娘や孫たちと共有しており、それは家族が似ている理由を説明してくれる。他の遺伝子変異は、われわれ一人ひとりに固有のもので、外見や健康や考え方に、かすかに、またはあからさまに影響を与え、われわれを別個の人間にしている。

私自身についての驚くべき発見

遺伝的な特徴は人生の中核をなしており、われわれの自己認識や世界観を形作る。人生の後半にさしかかり、私は自分自身の遺伝についてかなり驚くような発見をした。

私は労働者階級の家で育った。父は工場で働き、母は清掃員だった。兄や姉はみんな一五歳で学校をやめた。大学まで進学したのは私ひとりだった。多少古風ではあったけれど、私は多くの人に支えられ、幸せな子ども時代を過ごした。両親は友だちの親よりずいぶん年上だったので、よく、まるで、おじいちゃん、おばあちゃんに育てられているみたいだねと冗談を言っていた。

長い年月がたってから、私はニューヨークにあるロックフェラー大学の学長に就任するために「グリーンカード」を申請した。驚いたことに、私の申請は却下された。米国国土安全保障省によれば、私が生まれてからずっと使ってきた出生証明書には、両親の名前が記載されておらんというのだ。

私はイラつきながら、すぐさま出生証明書の完全版を手紙で請求した。新しい証明書が入った封筒を開けた瞬間、私は衝撃を受けた。なんと、私の両親は、実の両親ではなかったのだ。二人は実際には私の祖父母だった！　私の母親は、実は姉だった。彼女は一七歳で身ごもったが、当時、シングルマザーになるのは恥ずべきことと見なされていたため、ノリッジにある叔母の家に送られ、そこで私が生まれたのだ。

二人がロンドンに戻ると、祖母は、娘を守るために、自分が母親のふりをして、私を育てた。なんという運命の皮肉だろう。遺伝学者なのに、私は自分の遺伝について何も知らなかったのだ！　経緯を知っていたであろう人たちは、みな亡くなってしまったため、自分の父親が誰なのかは未だに分からない。私の出生証明書の父親の欄には、ただ横棒が引かれているのみだ。

すべての人は、無作為に発生しがちな、生物学上の親のどちらとも共有していない、新規の遺伝子変異を持って生まれるが、その数は比較的少ない。こうした遺伝的な差異は、個体を唯一無二のものにする一因だ。また、長期にわたり、生物が種として少しずつ変化する理由も説明してくれる。

生命は常に実験を行い、革新し、世界を変化させ、また、変化する世界に合わせ、適応し続けている。これを可能にするために、遺伝子は、安定し続けることによって情報を保存する必要があるけれど、ときには、大幅に変化しなくてはならない。バランスが大切なのだ。次に紹介する考え方は、このようなことが、どのようにして起き、そして、その結果、生命が途方に暮れるくらい多様化した理由を明らかにしている。

その考え方とは、自然淘汰による進化だ。

ステップ
3
自然淘汰による進化

偶然と必然

生命の多様性と創造の神話

世界は生命の素晴らしい多様性に満ちあふれている。この本の幕開けを飾った、あの黄色い蝶は、春の訪れを告げるヤマキチョウだ。繊細な黄色い羽を持つあの蝶は、われわれが昆虫と呼んでいる、驚くほど多様な生物グループの美しい例だ。

私は昆虫、特に甲虫（こうちゅう）が好きで、もう一〇代のころから続いている趣味だったりする。甲虫はびっくりするほど種類が多く、世界中に一〇〇万以上の別個の種がいると考える科学者もいる。

イギリスで育った私は、石の下でちょこちょこ歩き回る、甲で覆われたオサムシや、夜になると光る甲虫、庭でアブラムシを食べる赤と黒のテントウムシ、池で泳ぐ力強い水生甲虫、小麦粉の袋の中でうごめくゾウムシたちの姿に驚嘆したものだ。甲虫たちは多様性という名の不協和音を聞かせてくれる。彼らは生きとし生けるものの多様性の縮図だ。

あらゆる形で存在する生命に圧倒されることがある。われわれはこの世界を、数え切れないほどの動物、鳥、魚、昆虫、植物、菌類、さらにもっと多くの名が連なる微生物たちと分かちあっており、各々が自分特有のライフスタイルにうまく適応しているように見える。何千年にもわたって、こうした多様性はすべて、創造主である神の努力のたまものに違いないと、人々が考えてきたのも不思議ではない。

創世の神話は、ほとんどの文化にあふれている。ユダヤ教とキリスト教に共通する創世記は、文字通りに読めば、「生命がほんの数日間で創造された」と主張している。すべての種は一つひとつ創造主によって形作られたという考えは、広く行き渡っていたが、あまりにも多様な甲虫をどう説明するのだろう。二〇世紀の遺伝学者Ｊ・Ｂ・Ｓ・ホールデンは「神様ってぇのは、とてつもなく甲虫が好きだったんだな」というジョークを飛ばした。

一八世紀から一九世紀にかけて、哲学者たちは、生物の入り組んだ仕組みと、産業革命で設計製造された複雑な機械の仕組みとを比べ始めた。こうした比較は、宗教的な信念を強めることが多かった。「至高の知性を持った設計者の介入なしに、これほどの複雑さが生じるはずがない！」と、いうわけだ。

この種の論法の鮮やかな例が、一八〇二年のウィリアム・パーレイ牧師の言葉だ。「外を散歩している途中で、道端に落ちている時計を見つけたと想像してみたまえ。時計を開けて、その複雑な機構を調べてみれば、時間をたどる目的で設計されたことは明らかであり、その時計が知的な設計者によって作られたことを確信するだろう」

パーレイに言わせると、同じ理屈が、生き物の込み入った仕組みにもあてはまるはずなのだ。

自然淘汰による進化

今では、目的意識を与えられた複雑な生命体が、設計者なしで作られ、それは自然淘汰によるものだということを誰もが知っている。

何千万種もの微生物、クワガタの恐ろしげな顎、キタユウレイクラゲのライオンのひげのような三〇メートルの触手、食虫植物の液体で満たされた罠、親指と他の指を向かい合わせてものがつかめる類人猿、そして、人間にいたるまで、われわれを取り巻く生きものたちの並外れた多様性をもたらしたのは、自然淘汰である。

それは、きわめて創造的なプロセスだ。科学の法則から逸脱したり、超常現象を引き合いに出したりせず、自然淘汰による進化は、ますます複雑化し、多様化した生き物の集団を生み出し続けてきた。何十億年もかけて、さまざまな種が台頭し、新たな可能性を探り、異なる環境と作用しあうことによって、判別できないほど、その形を変えていった。われわれも含め、すべての種は、絶え間なく変化し、最終的に絶滅してしまうか、さもなくば、新しい種へと進化してゆく。

私にとって、こうした生命の物語は、創造論者による神話と同じくらい、不思議と驚異に満ちあふれている。宗教物語は、少々月並みな、お馴染みの創造活動と、われわれが容易に想像できるような時間スケールを提示してくれる。

一方、自然淘汰による進化は、自分たちの安全地帯の限界をはるかに超えて想像するようわれわれを追い込むが、この物語はさらに壮大なのだ。進化は、まったく方向性のない漸進的なプロセスだが、科学者が「ディープタイム」(地質学的年代)と呼ぶ、膨大な時間スケールに組み込まれたとき、ずばぬけた創造力を発揮する。

一九世紀の博物学者で、進化の大御所チャールズ・ダーウィンは、ちっちゃなイギリス海軍の軍艦「ビーグル号」(HMS Beagle)で世界中を旅して回り、植物、動物、化石の標本を採取した。ダーウィンは進化という考え方を裏づける観測結果を貪欲に集め、進化が働く方法を説明する、自然淘汰という美しいメカニズムを考え出した。彼は一八五九年に出版した『種の起源』ですべてを明らかにした。生物学のあらゆる素晴らしいアイデアの中でも、おそらくこれが、(いちばんよく理解されているとは言えないまでも)いちばん有名だろう。

生命が時間とともに進化することを示唆したのは、ダーウィンが初めてではない。

彼が『種の起源』で触れているように、アリストテレスは動物の身体の部位が、長い期間をかけて出現したり消失したりすると主張していた。

一八世紀後半、フランスの科学者ジャン＝バティスト・ラマルクはこれをさらに一歩進め、異なる種同士が類縁という鎖で結ばれていると主張した。種は適応という過程を通して、徐々に、環境の変化や自らの習性の変化に反応して姿を変えてゆくのではないかと彼は提案したのだ。

有名な話だが、キリンの首が長くなったのは、どの世代も、木の高いところにある葉っぱに届きたくて首を上に伸ばしたのが原因だそうだ。どういうわけか、その奮闘の結果が子孫に伝わり、ちょっとずつ首が長くなっていったのだと、彼は主張した。ラマルクの考えは、進化の過程の詳細を正しく理解していなかったため、現代では鼻であしらわれることがあるが、進化の原因には触れていないものの、初めて進化という現象に関して、包括的に説明した一人という意味で、大きな称賛に値する。

進化について深く考えていたのが、ラマルクだけでなかったのは確実だ。チャールズ・ダーウィンの家族にすら、もう一人、個性的な祖父エラズマス・ダーウィンという、進化の熱狂的な支持者がいた。

彼は自分の馬車に「すべては貝から」を意味する「E conchis omnia」というモットーを彫らせた。すべての生命は、たとえば貝の内側にいるふにゃふにゃして形がないように見える軟体動物のように、単純な先祖から発展した、という自分の信念を宣伝して回ったのだ。

しかし、彼はリッチフィールド大聖堂の司教から「神を冒涜（ぼうとく）するのか」と糾弾され、しぶしぶ、そのモットーを消した。エラズマスが言うことを聞いたのは、彼が成功した医師でもあったため、尊敬すべき裕福な患者を失う恐れがあったからだろう。彼は当時、詩人としても高名で、『Temple of Nature』（自然の神殿）という詩の一節で、進化に対する自分の主張を開陳している。

初めに小さき者が生じた、球体のガラスでも見えぬほどの

泥の上を進み、水っぽい塊を貫き
そして、次から次へと世代が花開く

新たな力を得て大きな手足を担う
そこから無数の草木の群れが生じる
そして、呼吸する者のヒレと、足と、翼も

彼の詩人としての名声は廃れたが、科学者としての評判は生き残った。彼の詩は、著名な孫によって詳しく述べられることになる考えを予見していたからだ。

ダーウィンが示したもの

チャールズ・ダーウィンの進化へのアプローチは、もっと科学的かつ系統立っており、コミュニケーション手段も、もっと普通で、詩ではなく散文だけだった。彼は国内外の化石記録や動植物の研究から、大量の観測データを収集した。

そして、生命体は実際に進化するという、ラマルクや自分の祖父らに共通する見解を裏づけ、強力な証拠となるようにまとめあげた。しかし、ダーウィンは、それ以上のことをした。進化のメカニズムとして自然淘汰を提案し、すべての点と点をつなぎ、進化が実際に「どのように機能するか」を世界に示したのだ。

自然淘汰の考えは、生命体の集団が変動を示し、そうした変異が遺伝子の変化によって起きるときには、世代から世代へと受け継がれるという事実に基づいている。こうした変異には、特定の個体が、よりうまく子孫を残せるようにする特性に影響を及ぼすものもある。

繁殖成功率が上がると、そのような変異を持つ子孫が、次の世代で集団の大多数を占めることになる。キリンの長い首の場合、首の骨格と筋肉が微妙に変化した変異型がランダムに出現し、累積したことで、キリンの先祖の一部が、僅かに高い枝に届くようになり、葉をたくさん食べて栄養を多く摂るようになったのだと推測できる。最終的に、お腹が満たされたキリンの方が、より体力があり、若いキリンを生む能力にも長けていたため、アフリカのサバンナを歩き回っていたキリンの群れは、徐々に長い首を持った個体に支配されるようになったのだ。このプロセスは自然淘汰と呼ばれている。食べ物、配偶者を巡る争い、病気や寄生生物の存在など、あらゆる種類の自然要因による制約を乗り越えた個体が、結果として、他の個体より多く繁殖するからだ。

ほぼ同じメカニズムが、博物学者で収集家のアルフレッド・ウォレスによって提案されている。あまり広く知られていないが、ダーウィンもウォレスも、同じ一九世紀の早い時期に出されていた自然淘汰説の後を追う形で出てきている。

スコットランド人の農学者で地主だったパトリック・マシューが一八三一年に出版した著書で自然淘汰に触れているのだ。それでもなお、ダーウィンは、自然淘汰の全体像を、包括的かつ永続的に、説得力を持つ形で示した初めての人物だ。

人間は実際に、何千年にもわたり、自然淘汰と同じプロセスを乗っ取り、利用し、特定の性質を持つ生き物を交配させてきた。これは人為淘汰と呼ばれ、ダーウィンも実際のところ、鳩の愛好家たちがさまざまな種類の鳩を作り出すために、特定の個体を選んで交配させる方法を観察して、自然淘汰の考えを発展させたのだ。

人為淘汰は劇的な結果をもたらすことができる。われわれは、野生のハイイロオオカミを人間の最高の友人に変え、小さなチワワから大きなグレートデンにいたる犬種を作り出してきた。同じように、ブロッコリー、キャベツ、カリフラワー、ケール、コールラビも、野生のアブラナ科の植物から生じさせた。こうした変化は、比較的少ない数の世代で起こるが、何百万年もかけて自然な経過をたどった場合の、進化のプロセスが持つ、大いなる力の一端を垣間見させてくれる。

自然淘汰は、適者生存（ちなみに、これはダーウィンが用いた用語ではない）、すなわち、競争できない個体の排除につながる。このプロセスの結果、特定の遺伝子変化が個体群に蓄積し、最終的に、生存種の形や機能に永続的な変化をもたらすことになる。こう考えれば、甲虫の中に、赤い斑点（はんてん）のある前バネを発達させたものもいれば、泳ぐことや、糞の玉を転がすことや、暗闇で光ることを身につけたものがいることを説明できる。

三つの決定的な特性

自然淘汰は深遠な考えで、生物学を超えた重要性を持っている。他のいくつかの分野、とりわけ経済学とコンピューター科学において、説明力と実用性を兼ね備えている。今日（こんにち）では、たとえば、ある種のソフトウェアや、航空機などの機械工学部品は、自然淘汰を模倣したアルゴリズムによって最適化されている。こうした製品は、伝統的な手法で設計されるのではなく、文字通り進化させられているのだ。

自然淘汰による進化が起きるためには、生命体が三つの決定的な特性を備えている必要がある。

第一に、繁殖する能力があること。

第二に、遺伝システムを備えていること。遺伝によって、その生命体の特徴を決める情報がコピーされ、生殖によって受け継がれてゆく。

第三に、その遺伝システムが「変異」を示し、その変異が生殖過程で受け継がれること。自然淘汰が働くのは、この変異に対してなのだ。自然淘汰は、ゆっくりと無作為に生まれた変異の源を、われわれの周りで繁栄する、果てなく変化し続ける生命体へと変える。

さらに、自然淘汰が効果的に機能するためには、生物は死ななければならない。なぜなら、競争上強みのある遺伝的変異を持っている可能性がある次の世代が、古い世代に取ってかわることができるからだ。

この三つの欠くことができない特性は、細胞と遺伝子という発想から直接浮かび上がってくる。すべての細胞が細胞周期中に複製され、すべての細胞が遺伝子でできた遺伝システムを持っており、有糸分裂中と細胞分裂中にコピーされて、染色体上に受け継がれるのだ。変異は、突然変異の出現によってもたらされる。

突然変異は、二重らせんのコピー中に発生する稀なエラーか、環境から受けたDNAの損傷のどちらかによって生じ、DNA配列を変えてしまう（*cdc2*遺伝子の発見へと私を導いてくれたのも突然変異株だった）。

細胞は、変異を修復するが、完全にはうまくいかない。もし完全に成功してしまえば、一つの種のすべての個体が同じになって、進化は止まる。これは、誤り率自体が自然淘汰の対象であることを意味する。

誤り率が高すぎれば、ゲノムによって蓄えられた情報が劣化して意味がなくなってしまうし、誤りが少なすぎると、進化による変化の可能性が低くなってしまう。長期的に見れば、最も成功を収める種は、不変と変化との絶妙なバランスを保てる種ということになる。

複雑な真核生物では、有性生殖のプロセス中にさらなる多様性が生まれる。「減数分裂」と呼ばれる過程で作られる生殖細胞（胚細胞のこと。動物では精子細胞と卵細胞、花を咲かせる植物では花粉と胚珠）を作り出す細胞分裂の最中に、染色体の一部が「シャッフル」されるんだ。

これが、兄弟姉妹が遺伝的に異なっている主な理由だ。両親の遺伝子が一組のトランプだとすると、兄弟姉妹には、異なる遺伝子の「手札」が配られる。

他の多くの生物は、別々の個体間で、ＤＮＡ配列を直接交換して変異をもたらす。これは、細菌のような単純な生物によく見られる。細菌は、遺伝子を互いに交換できるだけでなく、もっと複雑な生物とも交換できる。

このプロセスは遺伝子の「水平移動」と呼ばれている。抗生物質に耐性を持つ特定の細菌を作る遺伝子が、細菌集団全体、さらには別の種から他の種へと、急速に広まる理由の一つがこれだ。遺伝子の水平移動は、系統の進化の過程をたどりにくくする。遺伝子が、生命の樹の一つの枝からもう一つの枝へ受け継がれることもあるからだ。

遺伝子の変異する原因が何であろうと、進化を加速させるためには、変異後の複製においても変異が持続し、あらゆる方向性において変異した生命体の集団を作り出さねばならない。その変異が、病気に対する抵抗性や、配偶者を惹きつける魅力や、食べ物の許容範囲や、その他さまざまな特徴における僅かな違いであろうと。その後、自然淘汰が、有害な変異と有益な変異をふるいにかけるのだ。

マウンテンゴリラとの邂逅

自然淘汰による進化がもたらす重大な結論は、なんといっても、すべての生命が同じ先祖で「繋がっている」ということ。生命の樹をさかのぼってゆくと、枝はどんどん太い枝へ合流してゆき、最終的に一本の幹になる。

だから、われわれ人間は、地球のすべての生命体と縁続きという結論になる。類人猿みたいに、お互いに木の端っこの隣りあった小枝にいるため、とても近い種もあれば、私が研究してきた酵母みたいに、時間の流れをはるかにさかのぼって、生命の樹の本幹に近いところでしか「合流」していないため、ずっと遠い関係の種もいる。

人間と他の生命との根本的なつながりを私が痛感したのは、マウンテンゴリラを探して、植物の生い茂る蒸し蒸ししたウガンダの熱帯雨林をトレッキングしていたときのこと。ガイドにしたがって歩いていると、ふいに同じヒト科の仲間に出くわした。気づくと、私は大きくて立派なシルバーバック（＝銀色の背中をした大人の雄ゴリラ）の向かい側に座っていた。シルバーバックは、ほんの二、三メートル先の木の下にしゃがんでいた。汗がどっと吹き出した。暑さと湿気のせいじゃない。遺伝学者として、私は彼と自分がおよそ九六パーセントの遺伝子を共有していることは知っていたけれど、そんな無味乾燥な数字は話の一部でしかない。

彼の知性あふれる焦げ茶色の瞳と目が合った。類人猿たちは、お互いに意思の疎通ができるし、われわれ人間ともコミュニケーションができる。彼らのふるまいの多くは、必然的に馴染み深いものだ。彼らの共感力と好奇心は言わずもがなだ。

シルバーバックと私は数分のあいだ、じっと見つめあった。それはまるで会話だった。それから彼は手を伸ばして、直径五センチメートルほどの若木を真っ二つに折ると（彼は何かを伝えようとしていたのか？）、鋭い目でずっと私を見据えたまま、ゆっくりと木を登っていった。このドラマチックで感動的な邂逅（かいこう）は、この素晴らしい生き物と私が、どれほど近いかを浮き彫りにしてくれた。

そのつながりは、ゴリラを超えて、他の類人猿、哺乳類や他の動物、さらには、生命の樹のはるか昔の分岐点を通じて、植物や微生物へと広がっている。だから私は、人類が生物圏全体を大切にすべきだと思う。この地球上のさまざまな生命体は、みな、われわれの親戚なんだから。

ある馬鹿げた考え

私は、分裂酵母と人間の細胞が同じ方法で細胞周期を制御しているかどうか調べようと決めたとき、さらに予期せぬ形で、われわれと他の生物との深い関わりに気づいた。一九八〇年代、ロンドンのがん研究所で働いていたときだった。

がんはヒト細胞の異常な細胞分裂によって起こる。ゆえに、同僚のほとんどは、至極もっともなことだが、酵母なんかじゃなく、ヒトの細胞周期の制御の仕組みを調べていた。当時の私には、何が「酵母」の細胞分裂を制御しているかは分かっていた。パッとしない名前だが重要な遺伝子、*cdc2*が中心となって細胞周期を制御しているんだ。

私は思った。もしかしたら、人間の細胞分裂も同じ遺伝子、つまり、*cdc2*の「人間版」によって制御されているんじゃないのか？　酵母と人間はまるっきりかけ離れていて、最後に共通の祖先から分かれたのは一二億年から一五億年前だ。だから、メカニズムが同じである可能性はとてつもなく低い。

広大なタイムスパンで考えてみれば、恐竜が絶滅したのは「僅か」六五〇〇万年前だし、最初の単純な動物が出現したのも、ほんの五億から六億年前のこと。正直に言って、こんなにも遠い親戚が、同じ方法で細胞分裂を制御しているなんて、馬鹿げた考えにもほどがあった。それでも、私は調べずにはいられなかった。

私の研究室のメラニー・リーがこの問題に取り組んだのは、分裂酵母で*cdc2*が行っているのと同じ方法で機能する、人間版の遺伝子を見つけ出すことだった。彼女は、*cdc2*が正常に機能せず、分裂することができない分裂酵母の細胞を取り出した。そして、それに、何千もの人間のDNA片の遺伝子ライブラリーを「振りかけ」た。

DNA片は、それぞれ、人間の遺伝子を一個含んでいた。メラニーは、変異した酵母細胞が、なるべく一つか二つの遺伝子しか取り込まないように条件を整えた。「もし」振りかけた遺伝子のうちの一つが人間の*cdc2*に相当するもので、「もし」それが人間でも酵母でも同じように機能し、さらに「もし」その人間版*cdc2*遺伝子が酵母細胞に入り込むことができれば、*cdc2*変異細胞は分裂する能力を取り戻すかもしれない。

「もし」すべてがうまくいけば、ペトリ皿の上でコロニーが形成され、メラニーはそれを見ることができるという寸法だ。この計画にはいくつもの「もし」があったことにお気づきだろう。この実験がうまくいくと思っていたかって？　いやいや、多分だめだろう。それでも、試してみる価値はあった。

そして、驚いたことに、うまくいったんだ！　ペトリ皿の上でコロニーが成長し、酵母の細胞分裂に不可欠な*cdc2*遺伝子に完全に代わる、人間のＤＮＡを分離することができた。この未知の遺伝子の配列を解析したところ、作られたタンパク質の配列は、酵母のＣ*dc2*タンパク質と酷似していることが分かった。

われわれが目にしているのは、同じ遺伝子の非常に関連性が高い「別型」であることは明らかだった。あまりにも似ているので、人間の遺伝子が酵母の細胞周期を制御できてしまったわけだ。

この予期せぬ結果が、さらに広範囲におよぶ結論へとつながった。分裂酵母と人間が、進化において非常に遠い親戚であることを考えると、地球のあらゆる動物や菌類や植物も、同じ方法で細胞周期を制御している可能性が高い。実際、ほとんどの生き物が、酵母の*cdc2*遺伝子と酷似した遺伝子の作用に依存していた。

さまざまな生命体が、長い時間をかけて、徐々に進化し、数え切れないほどの異なる形と生活様式を身につけたにもかかわらず、細胞周期の根本的な制御メカニズムは、ほとんど変化しなかったのだ。*cdc2*という名の古代のイノベーションは、一〇億年以上も輝きを失わなかったことになる。

人間の細胞がその分裂を制御する方法の理解。それは、われわれが一生を通じて成長、発達し、病気になり、退化するのに合わせて、われわれの身体がどのように変化するかを理解するために不可欠だ。そして、この理解は、単純な酵母を含め、広い範囲の生命体を学ぶことで得られる。私はそう確信を強めた。

自然淘汰は、進化の過程で起こるのみならず、われわれの体内の細胞レベルでも起きている。細胞の増殖と分裂を制御するうえで重要な遺伝子が、損傷を受けたり、配列し直されたりして、細胞が制御不能のまま分裂するのが、がんである。

生命体の集団内での進化と同じで、これらがん化した細胞は、身体の防御をすり抜けると、組織を作っている、健全な細胞の数を徐々に上回ってゆく。損傷した細胞の集団が増加するにつれ、細胞内でさらなる遺伝的な変化が起きる可能性が高まり、遺伝子の損傷が積み重なり、ますます侵襲性（しんしゅうせい）の高いがん細胞を生み出すことになる。

このシステムは、自然淘汰による進化に不可欠な三つの特性を兼ね備えている。複製、遺伝システム、そして遺伝システムが変異する能力だ。人の命が進化することを許す状況そのものが、最も致命的な人間の疾患の一つの原因になるというのは逆説的だ。もっと実際的な面で言えば、集団生物学者と進化生物学者は、がんに関するわれわれの理解に大きく貢献できるはずなのだ。

科学の究極の目的

自然淘汰による進化は、生物に複雑さをもたらし、そこには目的さえ感じられる。しかも、制御する知性や、明確な最終目標や、究極の立役者など一切なしで進行する。自然淘汰による進化は、パーレイの懐中時計の寓話や、彼以前と以降の他の多くの人たちがしたような、神なる創造主を引き合いに出す議論を完全に回避する。そして、私に限らないと思うのだけれど、われわれを驚嘆の念でいっぱいにしてくれる。

進化を学んだことで、私の人生の進路は劇的に変わった。私の祖母はバプテスト派だったから、毎週日曜には、家族で地元のバプテスト教会に通ったものだ。私は聖書に詳しかったし（今でもね）、牧師や、もしかすると伝道師になろうとさえ考えていた！

やがて、庭でヤマキチョウを目撃したころ、私は学校で自然淘汰による進化について学んだ。生命の豊富な多様性を説明する科学理論は、聖書の教えと真っ向から対立していた。この食い違いのつじつまを合わせようと、私は、自分が所属するバプテスト教会の牧師のところへ話をしに行った。

二、三〇〇〇年前に、神が創世記の創造説についてお話しになったとき、神は、無学な田舎の人々が理解できる言葉で何が起きたかを説明されたのでしょう。そう私は牧師にほのめかした。創世記は神話として扱うべきではないでしょうか。なにしろ、神は、自然淘汰による進化を発明することで、もっと素晴らしい創造の仕組みをお考えになったのですからと。残念ながら、牧師はとりつくしまがなかった。「創世記は文字通りの真実として受け止めるべきです」。そう告げると、牧師は私のために祈ってくれた。

こうして、私の信仰心はじわじわと無神論、もっと正確に言えば、懐疑的な不可知論へと傾いていった。異なる宗教は非常に異なる信念を持ち、異なる教義は、互いに矛盾していることが分かった。科学は私に、世界をもっと論理的に理解する道を示してくれた。それは私に、いっそうの確実性、安定性、そして真実を追究するためのより良い方法を与えてくれた。真実こそが科学の究極の目的だ。

自然淘汰による進化は、さまざまな生命がどのように発生し、目的を達成できるかを説明する。それは偶然に突き動かされ、より効果的な生命を生み出す必要性によって導かれる。でも、生物が実際にどう機能するのかについてのヒントはあまり与えてくれない。そこで、次なるステップに目を向ける必要がある。次章では、「化学としての生命」について考えてみよう。

ステップ4 化学としての生命

カオスからの秩序

生命は化学である

ほとんどの人は、自分の周りを見回して、世界を二分するに違いない。生きてるものと生きてないものとに。生き物は「活動するもの」という点で際立っている。環境に反応し、自らを再生し、目的を持って行動している。こうした特性は、たとえば、小石や山や砂浜のような、生きてないものには一つもあてはまらない。われわれが、この本で説明している考えが登場する前、僅か、二、三〇〇年ほど前の時代に戻ったとしたら、地上の生命は、生き物にしかない神秘的な力によって司られていると結論しただろう。

こうした考えは「生気論（せいきろん）」と呼ばれ、その起源は古代哲学者のアリストテレスやガレノス、そしてさらに昔まで遡る（さかのぼる）。最も合理的かつ科学的な人物にとってさえ、こうした発想をすべて捨て去るのは難しい。誰かが亡くなるのを目にしたことがあるなら、突然、説明のつかない命のきらめきが消えてしまったように感じたのを覚えているはずだ。

生気論の説明は魅力的だ。われわれが理解しようともがいている事柄に心地よい解決策を与えてくれる。でも、現代に生きるわれわれは、不思議な力を引き合いに出す必要などないと断言できる。命のほとんどの側面は、物理学と化学の観点からかなりうまく理解できる。それは、高度に秩序化され、組織化された、並外れた形態の化学ではある。そして、無機物のいかなるプロセスもかなわない複雑さを備えたものでもある。それでも、私にとって、科学的な説明は、「生命が神秘的な力によって司られている」という類のどんな信念よりも、畏怖の念を起こさせる。

「生命は化学だ」という考えは、意外なことに、ビールやワインの製造過程において、単純な微生物である酵母がアルコールを作るプロセス、つまり、発酵の研究に端を発している。発酵は人類の長年の関心事だったのだ。

実際に、私自身の人生は発酵からかなりの影響を受けてきた。単に自分がビール好きなせいだけじゃない。まだ宵の口に、誰もいないパブに一人座って世界について思いを馳せるのは本当に素敵だけれど。一七歳で高校を卒業したとき、私は生物学を学び続けたかったのに、大学に入ることができなかった。

当時のイギリスでは、基礎的な外国語の資格を取得しておくことが、大学入学の必須条件だったが、私はフランス語の試験に六回も落ちてしまったんだ。たぶんこの試験の落第の世界記録だ！　そんなわけで私は大学へ行かず、ある醸造所に併設された微生物学研究所で実験助手として働くことになった。

私の毎日の仕事の一つは、科学者たちが微生物を育てるために必要な、養分を含んだ調合物を作ることだった。すぐに、彼らが毎日ほぼ同じ注文をしてくることに気づき、月曜日にひとまとめに作って、一週間持つようにした。私は上司のヴィック・ナイヴェットに相談に行った（ちなみに、彼の趣味はジョージア・ダンスだった。私がその事実に気づいたのは、ある晩、彼が実験室のベンチの上でダイナミックに足を蹴り上げてコサックみたいに踊っているのを目撃したからだ）。寛大にも、彼は鶏の卵のサルモネラ菌感染症に関する研究プロジェクトを勧めてくれた。私は本物の科学者の真似事をして、毎日実験を繰り返す、最高に幸せな一八歳だった。

醸造所で過ごしていたその年のある日、バーミンガム大学の思いやりのある教授が面接の声をかけてくれて、私の外国語の弱点を大目に見てくれるよう大学と掛け合ってくれた。おかげで、一九六七年、私はついに生物学の勉強を始めることができた。皮肉なことに、若いころ、あれだけフランス語で苦労した私は、三五年後に酵母の研究が評価され、フランス大統領からレジオン・ドヌール勲章を授与された。

私はフランス語で受賞スピーチをするはめになった！　ちなみに、酵母の研究をして人生の大半を過ごしてきたにもかかわらず、私自身はワインやビールを一滴も作ったことはない。

パスツールの偉大な貢献

発酵の科学的研究は、現代化学の始祖の一人である、一八世紀のフランス貴族で科学者のアントワーヌ・ラヴォアジエから始まった。彼にとっても、科学全体にとっても不幸なことに、非常勤で収税官をしていたせいで、フランス革命中の一七九四年五月に、ラヴォアジエは断頭台の露と消えた。その政治的な吊し上げ裁判で彼に判決を下した裁判官は、こう宣言した。「共和国には学者も化学者も必要ない」。

われわれ科学者は政治家によくよく気をつけねばならない！　残念ながら政治家、特に大衆に迎合しがちな政治家は、裏づけに乏しい自分の見解に専門知識が真っ向から対立する場合、「専門家」をないがしろにする傾向がある。

ギロチンと不慮の出合いをする前、ラヴォアジエは発酵のプロセスに夢中になっていた。彼は「発酵は初めのブドウジュースに含まれる糖が、できあがったワインのエタノールに変換される化学反応である」と結論づけた。発酵をこんなふうに考えた人は、それまで誰もいなかった。その後、ラヴォアジエはさらに踏み込んで、「発酵素」と呼ばれるものがあって、それはブドウそのものに由来し、化学反応で中心的な役割を果たしているようだと提案した。とはいえ、ラヴォアジエは、発酵素の正体をつかむことはできなかった。

およそ半世紀後、工業用アルコールの製造者たちが、自分たちの製品を台無しにしてしまう現象の謎を解明してくれないかと、フランスの生物学者で化学者のルイ・パスツールに依頼し、すべてが明らかになった。

甜菜（てんさい）のビートパルプ（＝甜菜から糖分を絞ったあとの残りかす）を発酵させるとき、うまくいかずに、エタノールではなく酸っぱくて不快な酸ができてしまうことがある。それがいったいなぜなのか、彼らは知りたがった。パスツールは探偵顔負けのやり方で、この謎に挑んだ。

彼は顕微鏡を使って決定的な証拠を手に入れた。首尾よくアルコールができた発酵用の大樽の沈殿物には、酵母細胞が含まれていた。酵母は明らかに生きていた。酵母のいくつかには芽が出ており、活発に増殖していることを示したからだ。

一方、酸っぱくなった大樽を調べると、酵母細胞が一つも見当たらなかった。この単純な観測結果から、微生物の酵母こそが、あの得体の知れない「発酵素」、つまりエタノールを作り出す鍵となる物質にちがいないと、パスツールは提案した。酸っぱくなった大樽の方は、他のなんらかの微生物、おそらくもっと小さな細菌が、酸を作ってダメにしてしまったのだ。

ここで重要なのは、生きている細胞の成長が、特定の化学反応の直接的な原因である点だ。この例では、酵母細胞がブドウ糖をエタノールへ変えている。パスツールの偉大な貢献は、個別の事柄から一般的な事柄へと歩みを進め、重大な新しい結論にたどり着いたことだ。彼は、化学反応が単なる細胞レベルの興味深い特徴ではなく、生命の決定的な特徴だと見抜いた。パスツールはこのことを鮮やかに「化学反応は細胞の命のあらわれだ」という言葉でまとめた。

現在では、あらゆる生物の細胞内で、何百何千もの化学反応が同時進行していることが分かっている。こうした化学反応が生命を司る分子を作り出し、それが細胞の成分や構造を形作る。化学反応はまた、分子の分解も行う。細胞成分を「リサイクル」してエネルギーを得るためだ。

これらを合わせた、生命体で発生する膨大な化学反応のことを「代謝」と呼ぶ。それは生きているものが行うすべての基礎だ。維持、成長、組織化、生殖、そしてこうしたプロセスを促進させるのに必要なすべてのエネルギーの源。代謝は生命の化学反応なのだ。

生命にとって不可欠なプロセス

しかし、代謝を作り上げている多種多様な化学反応は、どうやって引き起こされるのだろう？　パスツールの調べた酵母で、発酵の化学反応を行ったのは、どんな種類の物質だったのだろう？

もう一人のフランス人化学者、マルセラン・ベルテロがこの謎をさらに深く掘り下げ、次の進歩をもたらした。彼は酵母細胞を粉々にして、この細胞の残存物から目を瞠るふるまいをする化学物質を抽出した。

この化学物質は、白糖、すなわちスクロースを、より小さな成分の糖であるグルコースとフルクトースに変えるという、特定の化学反応の引き金を引く。ところが、この反応でその物質自体は消費されなかった。それはただの物質だが、生命プロセスに不可欠であり、注目すべきことに、細胞から取り除かれても作用し続けた。彼はこの新しい物質をインベルターゼと名づけた。

インベルターゼは酵素だ。そして、酵素は触媒だ。つまり、それは化学反応を促進し、多くの場合、劇的に加速させる。酵素は生命にとってとりわけ大切だ。酵素がなければ、命にとって最も不可欠な化学的プロセスが、起こらなくなってしまう（特に、比較的温度が低くて穏やかな条件下にある、ほとんどの細胞内において）。

酵素の発見は、生物学者の一致した見解の礎となった。つまり、生命のほとんどの現象は、「酵素が触媒する化学反応」の観点から理解するのがいちばん分かりやすいということだ。酵素がこれを成し遂げる方法を理解するためには、酵素が何者で、何からできているかを理解する必要がある。

ほとんどの酵素はタンパク質からできている。このタンパク質は、ポリマー（重合体）と呼ばれる鎖状につながった長い分子で、細胞が作り出す。ポリマー構造は、生命の化学のあらゆる側面にとって根本的に重要だ。大半の酵素と他のすべてのタンパク質はもちろんのこと、細胞膜を作っているすべての脂質分子、エネルギーを蓄えているすべての脂肪と炭水化物、遺伝に関与する核酸であるデオキシリボ核酸（DNA）および親戚のリボ核酸（RNA）などは、全部ポリマーだ。

生体のポリマーは基本的に、たった五つの化学元素からできている。炭素、水素、酸素、窒素、そしてリンである。五つのうち、炭素は他の元素よりも融通が効くため、特に中心的役割を演じている。たとえば、水素原子は他の原子とたった一つしかつながり（すなわち化学結合）が持てないが、炭素原子は他の四つの原子と結びつくことができる。これが炭素のポリマー作りの能力の鍵になる。

炭素の四つの潜在的な結合個所のうち二つは、他の二つの原子（たいていは炭素原子）とつながって、原子が連なる鎖を作り出す。それぞれの炭素には、他の原子と結びつくことができる結合個所がまだ二つ残っている。この余った結合個所は、本体のポリマー鎖の両側に他の分子を結びつけるために利用できる。

細胞内で見つかるポリマーの多くは、とても大きな分子だ。あまりにも大きいため「高分子」という特別な名前が与えられている。高分子が実際にどれだけ大きいか、感覚的に理解するために、染色体の中心にあるＤＮＡ高分子の長さが、数センチメートルにも及ぶことを思い出してほしい。つまり、信じられないくらい長くて細い分子の紐の中に、何百万もの炭素原子が組み込まれているのだ。

タンパク質ポリマーは、通常は数百から数千個の結合した炭素原子からできていて、そんなに長くはない。それでも、化学的にはＤＮＡよりはるかに変化しやすく、それが酵素として機能し、ひいては代謝で主要な役割を果たすことができる主な理由なんだ。

タンパク質は炭素を基にしたポリマーで、小さなアミノ酸分子を一度に一つずつ結合させてできた、長い鎖で作られている。たとえばインベルターゼは、五一二個のアミノ酸が特定の規則正しい配列でつなぎ合わさってできたタンパク質分子だ。

分子の「立体パズル」

生命は二〇種類のアミノ酸を利用する。アミノ酸にはそれぞれ、ポリマー鎖から分岐して横にくっついた分子があって、それにより化学的特性が決まる。だから、正や負の電荷を持つアミノ酸もあれば、水にくっつくもの、はじかれるもの、さらに他の分子と簡単に結合しやすいものなどがあるんだ。異なる横分子を持った、さまざまなアミノ酸を組み合わせることで、細胞は、実に多様なタンパク質ポリマー分子を作り出す。

こうした線状のタンパク質ポリマーの鎖は、いったんつながると、今度は折り紙のようになって、複雑な三次元構造を作り出す。粘着テープがぐちゃぐちゃに丸まって玉になるのにちょっぴり似ているけれど、タンパク質の折りたたまれ方は、同じ構造を正確無比に作り出すことができ、はるかに再現可能なプロセスなんだ。

細胞では、これと同様のアミノ酸の紐が、常に同じ特定の形を作ろうとする。一次元の紐から三次元の立体への形の飛躍はきわめて重要だ。それは、それぞれのタンパク質に独特な形と固有の化学的性質があることを意味するから。結果として、細胞は、働きかける相手の化学物質とぴったり組み合わさるような酵素を作ることができる。

たとえば、インベルターゼとスクロースの分子は「立体パズル」のようにピタリと合わさる。これによって、酵素は、特定の化学反応を引き起こすために必要な化学条件を正確に提供できる。

酵素は、細胞の代謝の基礎となる、ほとんどの化学反応を実行する。でも、他の分子を作ったり壊したりするだけでなく、他にも多くの役割を担っている。品質管理の役目を果たし、異なる部位の細胞間で成分やメッセージを運び、他の分子を細胞の内や外に輸送する。

他にも、侵入者に目を光らせ、細胞を守り、したがって、われわれの身体を病気から守るタンパク質を活性化する酵素もある。とはいえ、酵素はタンパク質の一つに過ぎない。髪の毛や胃の中の酸や眼の水晶体にいたるまで、われわれの身体のほとんどすべての部分は、タンパク質からできているか、タンパク質によって作られるかのどちらかなんだ。

こうしたさまざまなタンパク質はすべて、細胞内で特定の機能を発揮するように、何千年もの進化によって磨かれてきた。比較的単純な細胞にさえ、膨大な数のタンパク質分子がある。小さな酵母細胞一つにも、全部で四〇〇〇万個以上のタンパク質分子がある。つまり、極小の細胞の中に、東京の人口の何倍ものタンパク質が詰め込まれているってわけだ！

こうしたタンパク質の多様性がもたらしたのが、すべての細胞で常に実行され続けている化学反応による大混乱だ。分子の世界が見える眼で、生きてる細胞を見ていると想像してごらんよ。化学的活性の沸き立つような大騒乱が、あなたの感覚に襲いかかるはずだ。

なかには、電荷を帯びて、張りついたり反発したりしやすい分子もあれば、反応しにくい分子もある。酸性のものもあれば、漂白剤みたいなアルカリ性のものもある。こうしたさまざまな物質が、乱雑に衝突し、予定調和的に出合い、絶えず相互作用しあっている。電子や陽子をすばやく交換して化学反応を起こすために、一時的に合体するだけの分子たちもいる。

かと思えば、分子たちは、しっかりとした永続的な結びつきを形成し、化学的に結合したままなこともある。これら全部をひっくるめて、細胞では、命を維持するために絶えず働き続ける、何千もの異なる化学反応が起きている。こりゃもう、最大級の化学工業プラントで利用されている化学反応の数でさえ、霞んで見えてしまう。なにしろ、プラスチック工場を支えているのは、たかだか数十個の化学反応なんだから。
「秒刻み」よりも速くせかせかと動き回る分子は、こうしたシステムが進化するために必要だった悠久の時と比べると、まさに時間スケールの両極端にある。でも、こうした、分子の世界の目まぐるしい時間スケールは、われわれの脳にとって、進化的な時間を理解するのと同じくらい難しい問題なんだ。

毎秒、何千何万という化学反応の中を駆け抜け、驚異的な速さで化学反応の作用を制御する細胞の酵素もある。こういった酵素は、速いだけでなく、恐ろしく正確でもある。化学エンジニアにとっては夢物語のようなレベルの正確さと信頼性で、個々の原子を巧みに処理することができる。しかし、考えてもみてほしい。進化は、われわれ人間が存在する前から、何十億年という悠久の時をかけて、じっくりとプロセスを改良してきたんだ！

これらすべてを連携して機能させるのは、まさに離れ業だ。細胞の中で同時発生する無数の化学変化は無秩序に見えるけれど、実際には非常に高度な秩序を保っている。

全体が正常に機能するためには、異なる反応ごとに、特定の化学条件が必要だ。より酸性もしくはアルカリ性の環境を必要とする反応、カルシウムやマグネシウム、鉄、カリウムなどの特定の化学イオンを要求する反応、水を必要とし、それで速度を落とす反応もある。

「区画化」という機能

それなのに、こうした化学反応はすべて、細胞という狭い領域で同時に、そしてお互いのすぐ近くで実行されなければならない。それが可能なのは、個々の酵素が、工業用化学工場のような、極端な温度や圧力や酸性やアルカリ性の条件を必要としないからだ。もし必要だったら、すべてがこんなに接近して共存することなんかできない。

それでも、代謝反応の多くは、やはり、分離されている必要がある。互いに邪魔をしあわずに、それぞれの特定の化学的条件が満たされなければいけない。この難題に応じる鍵が「区画化」だ。

区画化は、あらゆる種類の複雑なシステムを機能させる要(かなめ)だ。都市を例にとってみよう。都市は、特定の機能を備えた区画に整理されているから、効果的に機能する。たとえば、鉄道の駅、学校、病院、工場、警察署、発電所、下水処理場などだ。都市が全体として機能するためには、さらに多くの設備が必要だが、全部がごちゃ混ぜになったら破綻(はたん)してしまう。

効果的に機能するためには、区分けが必須だけれど、同時に、比較的近くでつながっていないとまずい。細胞もまったく同じで、互いに物理的な空間や時間が分離していて、なおかつ連結された、化学的な微小環境が必要だ。だから、生物は、非常に大きいものから極端に小さいものまで、さまざまな規模で存在し相互作用する区画からできているんだ。

規模がいちばん大きいシステムは、おそらく最も馴染み深いものだ。あなたや私のような、多細胞生物の動植物のさまざまな組織や器官だ。これらは、固有の化学プロセスや物理プロセスのために特化した、明確に区別された区画だ。
食べ物に含まれる化学物質を消化する胃腸、化学物質や薬を解毒（げどく）する肝臓、化学的エネルギーを利用して血液を送り出す心臓など。こうした器官は、それを作っている特殊な細胞や組織によって機能が決まる。胃の内壁の細胞は酸を分泌し、心臓の細胞は収縮するといった具合に。ひるがえって、こうした細胞もそれ自体を区画とみなすことができる。

実際、細胞は、生命の区画化の本質を示す例だ。細胞の外膜の最も重要な役割は、細胞を外の世界から分離することだ。外膜の隔離効果のおかげで、細胞は、化学的にも物理的にも秩序が保たれ、孤島の保守ができる。もちろん、細胞はこの状態を一時的にしか維持できない。細胞が働くのをやめたとき、細胞は死んで、ふたたび混沌が支配する。

細胞の中にだって、何層もの区画がある。このうちいちばん大きな区画は、核やミトコンドリアなど、膜で包まれた細胞小器官だ。こうした小器官の働きを理解するためには、まずいちばん単純なレベルの炭素ポリマーに焦点を絞って調べる必要がある。大きな区画はすべて、より基礎的な構成要素の性質の上に作られているからだ。

細胞内でいちばん小さな化学的区画は、酵素の表面の分子だ。このような分子が実際にどれだけ小さいかを感じ取るには、手の甲の産毛を見てみればいい。産毛は、裸眼で見ることができる最も細い構造だが、酵素タンパク質に比べたら巨大だ。なにしろ、一本の産毛の直径に、およそ二〇〇〇個のインベルターゼをずらりと並べることができるんだから。

一つひとつの酵素タンパク質の分子は、お目当ての分子と結合するのにピッタリな形をした密閉空間とドッキング部位を原子レベルで持っている。この精緻な構造は小さすぎて、最高の光学顕微鏡でも見ることができない。研究者は、X線結晶構造解析や低温電子顕微鏡法を利用して形状と性質を推測するしかない。

原子の外科手術

このような装置は、われわれの知覚を桁外れに拡張し、酵素タンパク質の分子を作る何百何千もの結合した原子の位置と性質を測れるようにしてくれる。こうして、酵素が反応する際、処理する化学物質とどのように相互作用するか「見る」ことができるんだ。このような化学物質は「基質」と呼ばれている。酵素とその基質は、微小な三次元ジグソーパズルのピースみたいにピッタリと収まる。

パズルの要素が一体となると、その化学反応は細胞の残りの部分から遮蔽(しゃへい)される。そして、酵素による化学反応が引き起こされる。寸分たがわない角度と化学的条件のもとで、酵素は、個々の原子を操作して、特定の分子結合を作ったり壊したりする。これは、途方もなく正確な原子の外科手術なんだ。たとえば、インベルターゼは、スクロースの分子の真ん中で、酸素原子と炭素原子との一つの結合をピンポイントで切断する。

酵素は協力しあって、一つの化学反応の生成物が、確実に次の反応の基質になるように、運動会のリレーのように伝えてゆく。そうすることで、単純な構成要素から、脂質膜や他の複雑な化学成分を築くような、複雑なプロセスに必要とされる、一連の化学反応の連携が生まれる。

生物学者は、このような複雑な相互作用をする化学プロセスを「代謝経路」と呼び、なかには多くの異なる反応を伴うものもある。代謝経路は工場の組立ラインのようなものだ。ベルトコンベアが次に進む前に各段階の作業が完了していなければいけない。

酵素はさらに、並外れた正確さでＤＮＡをコピーするなど、いっそう複雑な合成活動にも協力する。こんなふうに機能する酵素をイメージするために、きわめて正確で信頼性のある作業を行う、ものすごくちっちゃな分子機械を思い浮かべてほしい。

このような分子機械の中には、化学エネルギーを利用して、細胞の中で物理的な仕事を行うものもある。なかには、細胞自体の動きや細胞内のさまざまな積荷（つみに）や構造物に動力を供給する「分子モーター」の役目を果たすタンパク質もある。配送ドライバーみたいに、細胞の成分や化学物質を、それを必要とする細胞の箇所まで運んだりもする。

分子機械は、精巧に分岐した鉄道網のごとく、細胞の内側に縦横に張り巡らされた複雑な経路をたどり、この任務を遂行する。研究者が撮った、活動中の微小な分子モーターの映像を見たことがある。分子モーターは、まるで小さなロボットみたいに細胞内を「歩き回って」いた！　分子モーターには、常に前進し続け、他の分子と偶然衝突して道から外れないようにするラチェット機構まで備わっている。

染色体を分離し、分裂する細胞を二つに割るために必要な力を作り出す分子モーターもある。分子モーターの一つひとつは限りなく小さい。

でも、この分子モーターが、何千万もの筋細胞のいたる場所で、何十億個もが一致団結して働くことで、わが家の庭先をパタパタ飛んでいた黄色い蝶の羽に動力を供給し、あなたがこのページの文字を目で追えるようにし、チーターがとてつもないスピードで走るのを可能にしている。たくさんの細胞の中で、大勢で働いている一つひとつのタンパク質の小さな効果が合わさると、われわれが身の周りで目にする現実社会での結果へとつながる。

タンパク質の集団は、酵素や分子機械よりもやや大きなスケールで、物理的に結合しあうこともある。より複雑な化学的プロセスを指揮する、ひと揃えの細胞装置ができるんだ。とりわけ重要なのが、タンパク質を作る場所であるリボソームだ。

リボソームは（DNAの親戚である）RNAの大きな分子と、数十個のタンパク質からできている。リボソームは典型的な酵素よりは大きい（産毛の幅に数千ではなく数百しか横一列に並べられない）。それでも、電子顕微鏡を使わないと直接見ることができないほど小さい。成長したり増殖したりする細胞には、新しいタンパク質がたくさん必要だ。だから、細胞は、何百万ものリボソームを抱え込んでいる。

配達人？

リボソームは、新しいタンパク質分子を作るために、お目当ての遺伝子の暗号を読んで、二〇種類の「アミノ酸のアルファベット」に変換する。手始めに、細胞はお目当ての遺伝子の一時的なコピーを作る。このコピーはRNAからできている。

これは配達人の役割を果たし、実際に「メッセンジャーRNA」と呼ばれている。配達人？　まさに、核の中の遺伝子からリボソームへ、遺伝子の情報コピーを携え、物理的に輸送するんだ。リボソームは、メッセンジャーRNAを「鋳型」として利用し、遺伝子の指示通りの順序でアミノ酸を一列に並べてタンパク質を作る。周囲から独立した、高度に組織化されたミクロ環境を形成することで、リボソームは、複数の段階と複数の酵素が関与するプロセスを、正確かつ迅速に実行する。

それぞれのリボソームが、三〇〇個程度のアミノ酸を含む平均的なタンパク質を作るのにかかる時間は、僅か一分だ。

リボソームよりもずっと大きいけれど、それでも、人間に身近なスケールよりはめちゃめちゃ小さいのが細胞小器官だ。細胞小器官は、それぞれ固有の脂質膜で包まれている。脂質膜は、真核生物の細胞内で、大切な区画の層を提供してくれる。細胞の中心にあるのが「核」として知られている細胞小器官だ。顕微鏡のもとでは、核は通常、最も見やすい細胞小器官なんだ。

ほとんどの細胞は小さいが（たとえば、あなたの身体の白血球は、手の甲の産毛一本分の幅に二個か三個並べることができる）、細胞核はもっと小さい。細胞核一つの体積は、白血球の体積の一〇パーセントに過ぎない。

でも、ここで思い出して欲しい。その信じられないほど小さな空間に、二万二〇〇〇個のすべての遺伝子も含め、あなたの全DNAのコピーが詰まっていることを。まっすぐに伸ばしたら、全長二メートルにもなる。

細胞を生かし続けるためのさまざまな化学反応には、常にエネルギーが必要だ。それも、大量のエネルギーが。今日、われわれの周囲の生命体の大多数は、突きつめれば、太陽からエネルギーをもらっている。

酸素の大惨事

ここで、生命にとってきわめて重要なもう一つの細胞小器官が登場する。葉緑体だ。細胞核とは異なり、葉緑体は動物の細胞には存在しない。植物や藻にのみ見られる。葉緑体は光合成が行われる現場だ。光合成とは、ご存じのように、太陽光のエネルギーを利用して、水と二酸化炭素から糖と酸素を作る一連の化学反応だ。

光合成に必要な酵素は、葉緑体を取り巻く二層の細胞膜の内側に配置されている。近所の公園に生えている草の葉っぱも、その一つひとつの細胞に、クロロフィル（＝葉緑素）と呼ばれるタンパク質を高レベルで含む、ほぼ球体の細胞小器官が一〇〇個ほど収まっている。草が緑に見えるのは、このクロロフィルが原因だ。光のスペクトルの青と赤の部分からエネルギーを吸収し、そのエネルギーを光合成の動力に利用するため、結果として緑の波長を反射するのだ。

光合成を行うことができる植物や藻、そしていくつかの細菌は、光合成によって作り出された単糖を、当面のエネルギー源として、また、自分たちが生き残るために必要な分子を組み立てる材料として利用する。さらに、糖類および炭水化物も生み出し、それをさまざまな生き物が消費する。朽ちてゆく木を餌にする菌類、草を喰(は)む羊、海で何トンもの光合成プランクトンをひと飲みにするクジラ、そして、世界中の人々を支える食用作物などだ。

実際、われわれの身体全体を作るために不可欠な炭素は、元をたどれば、光合成に由来する。すべては、光合成の化学反応によって、大気中から抜き出された二酸化炭素から始まっているんだ。

光合成の化学反応は、今日、地球上に存在する大半の生命を作るためのエネルギーと材料を供給してくれるだけでなく、この惑星の歴史を形作る上で、決定的な役割を果たした。生命は、これまで発見された最古の化石の年代からすると、およそ三五億年前に初めてあらわれたと思われる。

最古の化石は単細胞の微生物で、地熱源からエネルギーを得ていたようだ。地球の生命の最も初期のころ、まだ光合成が行われていなかったため、酸素の大きな供給源はなかった。その結果、大気中には酸素がゼロに等しかった。この惑星の草創期の生命体が実際に酸素と遭遇したとき、数々の問題が生じたはずだ。

酸素は生命を維持するものと考える人は多いだろう。実際にそのとおりなんだが、酸素は、生命に絶対欠くことができないＤＮＡなどのポリマーを含む、他の化学物質を傷つけることもある。酸素は、非常に化学反応性の高い気体なのだ。

微生物たちは、いったん光合成する能力を進化させると、何千年もかけて増殖し、大気中の酸素の量が急上昇するほどまでになった。その後、二〇億年から二四億年前に起きた出来事は「酸素の大惨事」と呼ばれている。そのころ、生き物といえばすべて微生物で、細菌か古細菌のどちらかだったが、そのほとんどが酸素の出現によって全滅してしまったと考える研究者もいる。

生命を作り出した条件が、生命をほぼまるまる終焉させたとは、なんと皮肉なことだろう。生き残った少数の生命体は、酸素に曝(さら)されにくい場所、おそらくは海底や地下深部などに退いたか、新しい化学的性質に適応して、酸化された世界でうまくやるために必要な進化を遂げたかのどちらかだったろう。

現在、人間は、未だに酸素を注意して扱っているが、ほぼ完全に酸素に依存している。身体が食べたり、作ったり、吸収したりした、糖、脂肪、タンパク質からエネルギーを得るために酸素が不可欠だからだ。エネルギーは「細胞呼吸」と呼ばれる化学プロセスによってもたらされる。この一連の反応の最終段階は、あらゆる真核生物の細胞にとってきわめて重要な細胞小器官の区画、ミトコンドリア内で起こる。

ミトコンドリアの主な役割は、生命の化学反応に細胞が必要とするエネルギーを生み出すことだ。だから、エネルギーがたくさん必要な細胞にミトコンドリアがたくさんある。あなたの心臓を鼓動させ続けるためには、心臓の筋肉の一つひとつの細胞に何千ものミトコンドリアが必要だ。全部合わせると、心臓の細胞の体積のおよそ四〇パーセントを占める。厳密に化学的な観点から言うと、細胞呼吸は、光合成の中核となる反応を反転させている。糖と酸素が反応して水と二酸化炭素を作り、たくさんのエネルギーを放出し、そのエネルギーは後で使用するために取っておかれる。

こうした複数の段階を踏む化学反応が高度に制御され、エネルギーを失い過ぎず、かつ活性酸素と電子が流出して細胞の残りの部分に損傷を与えないことが肝要だ。ミトコンドリアは、すべてが、秩序正しく段階的に行われるように指揮を執る。

細胞呼吸におけるエネルギー捕獲という重要なステップは、陽子の移動に基づいている（陽子は、水素から電子を剥ぎ取って、プラスの電荷だけになったもの）。陽子は、ミトコンドリアの中心部から、ミトコンドリアを包み込む二層の膜の隙間へと押し出される。その結果、ミトコンドリアの内膜よりも外側に、どんどん電荷を帯びた陽子が増えてゆく。これは、化学的性質に基づいてはいるが、本質的には物理的なプロセスだ。水力発電所でダムをいっぱいにするために、水を丘の上に汲み上げるのと似ている。

は、ダムから水を急降下させ、タービンを通してその水の運動エネルギーを電気エネルギーに変える。

ミトコンドリアの場合、内膜の向こうの「ダム」に汲み上げられた陽子たちが、タンパク質でできた経路をたどって、もといたミトコンドリアの中心へなだれ込む。そこで、次々と連なって来る電荷を帯びた粒子が作り出す力を捕まえて、高エネルギー化学結合の形で蓄える。

変人化学者の推測

細胞がこんな予期せぬ方法でエネルギーを作り出していることを推測した最初の人物は、イギリス人の生化学者でノーベル賞受賞者ピーター・ミッチェルだ。彼は、後に私が酵母の細胞周期に取り組んだ場所でもある、エジンバラ大学の動物学部に在籍していた。

しかし、私が就職したころには、彼は大学を辞めていた。南西イングランドの荒れ野に、自分の研究所を作って移り住んだのだ。大学を辞めて勝手に研究所を作るなんて、かなり珍しいし、良い意味で、本当のイギリス的変人なんだと思う。私が会ったとき、彼は七〇代後半だったが、衰えを知らない好奇心と知識欲に感銘を受けた。

われわれの会話はあらゆる分野へ及び、私は彼の創造力豊かな発想に心を打たれ、自分に対して懐疑的な連中を無視して、普通とは違う考えが実際に正しいことを証明してみせた、彼の生き方に感動した。

ミトコンドリアの中で「タービン」の役目を果たしている小さなタンパク質の構造は、発電所のタービンにちょっと似ている。ただし、数十億分の一の小型版なんだけれど！ 陽子は、幅がたった一万分の一ミリメートルしかない経路を通って、分子のタービンを駆け抜け、分子スケールのミニローターを回転させる。

ローターは、きわめて重要な化学結合の生成を推進し、アデノシン三リン酸、略してATPと呼ばれる分子を作り出す。この反応は、一秒間に一五〇回の反応という急速なピッチで起きる。

ＡＴＰは生命という宇宙のエネルギー源だ。それぞれのＡＴＰ分子はエネルギーを蓄え、極小の電池のようにふるまう。細胞内の化学反応でエネルギーが必要なとき、細胞はＡＴＰの高エネルギー結合を切断し、ＡＴＰをアデノシン二リン酸（ＡＤＰ）に変える。そのときエネルギーが放出され、細胞は、分子モーターの一つひとつの段階で行われているような、化学反応や物理的なプロセスを進めることができる。

あなたが食べるものの大部分は、最終的にあなたの細胞のミトコンドリアで処理される。ミトコンドリアは、食べ物に含まれる化学的エネルギーを利用し、おびただしい量のＡＴＰを作る。あなたの身体の何兆個もの細胞を支えるために必要な、すべての化学反応に燃料を送るため、あなたのミトコンドリアは、なんと、あなたの全体重に匹敵する量のＡＴＰを毎日作り出している！（訳注：ＡＴＰを使うとＡＤＰとなり、再びリン酸がくっついてＡＴＰとなる。つまりリサイクルされるので、体重が激減することもなく、体重分の食べ物をとる必要もない）

手首の脈拍、肌のぬくもり、呼吸にともなって上下する胸を感じてごらん。すべてがATPによって動かされているんだ。生命はATPで動く。あらゆる生物には、安定したエネルギーの絶え間ない供給が必要だ。究極的には、誰もが同じプロセスで自分たちのエネルギーを作っている。膜障壁を越える陽子の流れを制御することでATPを作るんだ。

神秘的な「生気」と、少しでも似ている点があるとすれば、それは、膜を横断する電荷の微小な流れだろう。でも、そこに超常的な意味合いはまったくない。これはよく解明された物理プロセスだ。細菌は、外膜を挟んでせっせと陽子を送り出すし、真核生物のもっと複雑な細胞は、ミトコンドリアという特別な区画の中で、同じことをやっている。

それぞれの酵素の中の想像を絶するほど小さなドッキング部位から、それよりちょっぴり大きな、染色体を含む核にいたるまで、細胞内のさまざまなレベルの空間構造が、細胞についての新しい考え方へとわれわれを導く。現在の強力な顕微鏡によって捉えられた、非常に精緻で美しい画像を見るとき、われわれは、相互に接続し、組織化された、化学的ミクロ環境の、絶え間なく変化し続ける、複雑なネットワークを目の当たりにする。

細胞は、動植物の複雑な組織や器官を作るための、単なるレゴみたいなものじゃない。一つひとつの細胞は、自己完結し、きわめて洗練された、生きてる世界なんだ。

細胞化学の世界へ！

ラヴォアジエが二世紀以上も前に発酵の仕組みを問い始めて以来、生物学者は、徐々に、細胞や多細胞体の最も複雑な挙動でさえ、化学と物理学の観点から理解できることを認識するようになった。こうした考え方は、細胞周期の制御方法を理解しようと模索していた私や、研究室の同僚たちにとって、とても重要だった。

われわれは、細胞周期の制御装置として*cdc2*遺伝子を発見したけれど、次に、遺伝子が「実際に何をしているか」を知りたくなった。それがC*dc2*タンパク質を作るとき、実際にどのような化学的または物理的なプロセスが起きているんだろう？

答えを出すために、われわれは、遺伝学という抽象的な世界から、もっと具体的で機械的な細胞化学の世界へと移動する必要があった。生化学を勉強しなければならなかったというわけだ。生化学は、還元主義的なアプローチを取る傾向があり、化学的機構をきわめて詳細に説明する。

それに対して、遺伝学は、全体論的なアプローチを取り、生物系のふるまいを俯瞰（ふかん）的に見る。われわれの場合だと、*cdc2*が、細胞周期の重要な制御役であることを遺伝学と細胞生物学が示してくれた。でも、*cdc2*遺伝子からタンパク質が作られる方法を、分子の観点から示してくれる生化学が必要になったんだ。それぞれのアプローチは別々の種類の説明を与えてくれる。それらの辻褄があったとき、自分たちが間違っていない、という自信につながる。

Ｃ*dc2*タンパク質は、タンパク質キナーゼと呼ばれる酵素であることが分かった。この酵素は、他のタンパク質に（強力な負の電荷を帯びた）小さなリン酸塩分子をくっつける、リン酸化と呼ばれる反応を触媒する。Ｃ*dc2*がタンパク質キナーゼとして機能するためには、まず、サイクリンと呼ばれる別のタンパク質と結合して活性化する必要がある。Ｃ*dc2*とサイクリンは、一緒になって、サイクリン依存性キナーゼ（Cyclin Dependent Kinase）、略してＣＤＫと呼ばれる、活性型タンパク質複合体を作る。サイクリンを発見したのは、私の友人で同僚のティム・ハントだ。

彼は、細胞周期を上に下にと回転させるタンパク質であることから、サイクリンと名づけた。このような変化は、ＣＤＫ複合体を正しいタイミングで「オン」にしたり「オフ」にしたりするために細胞が利用するメカニズムの一部だ。ちなみに、サイクリンは*cdc2*よりずっと良い名前だと思う！

活性化したＣＤＫ複合体が他のタンパク質をリン酸化すると、負の電荷を帯びたリン酸塩分子が、標的のタンパク質の形と化学的性質を変化させる。そして、次に、その働き方を変える。たとえば、Ｃ*dc2*タンパク質にサイクリンを加えて活性型ＣＤＫを作ることで、他の酵素を活性化することができるんだ。

ＣＤＫみたいなタンパク質キナーゼは、同時にさまざまなタンパク質を迅速にリン酸化できるため、こうした酵素は、細胞のスイッチとして利用されることが多い。細胞周期で起きているのは、まさにこれだ。細胞周期の初期のＳ期にＤＮＡをコピーしたり、細胞周期の後期の有糸分裂中にコピーされた染色体を分離したりするプロセスには、多くの異なる酵素の協調した活動が求められる。

さまざまなタンパク質を一度に大量にリン酸化することで、ＣＤＫは、複雑な細胞プロセスを制御することができる。したがって、タンパク質のリン酸化を理解することは、細胞周期の制御を理解する鍵となる。

私の「ユーレカ」

こうした全貌を解明し、実際に、$cdc2$が細胞周期に多大な影響を及ぼす様（さま）を目にしたとき、どれほど満足したか、言葉では言い尽くせないほどだ。あれは、めったにない「ユーレカ」（アハ体験）の瞬間だった。

私の研究室の計画は、細胞周期を制御し、その結果として細胞の繁殖を制御する$cdc2$などの酵母の遺伝子を特定することから始まった。次に、こうした制御が酵母から人間にいたるすべての真核生物で同じであることを示した。

そして最終的に、制御の分子メカニズムを解明することへと移っていった。これにはとても長い時間がかかった。研究室で一〇人の同僚と一緒に働いて、トータルでおよそ一五年に及んだ。そして、科学ではたいていそうなのだが、この研究は、ヒトデ、ウニ、ミバエ、カエル、ネズミなどから、最終的に人間にいたるまで、生命体の細胞周期を研究している、世界中の多くの研究室の貢献の上に成り立っている。

突きつめてゆくと、生命は、比較的単純で充分に解明されている、化学的な引力と斥力の規則と、分子結合を作ったり壊したりすることから生まれる。きわめて小さな分子スケール集団で稼働する、こうした基礎的なプロセスは、組み合わさることで、泳ぐことができる細菌や、岩に生える地衣類、私たちが庭で育てている花々、飛び回る蝶、そしてこの本を書いたり読んだりできる私やあなたを作り出している。

細胞ひいては生体構造は驚くほど複雑だが、突き詰めていくと、理解可能な化学的かつ物理的な機械だ。この見解は、今では、生命についての一般的な考え方になっている。今日、生物学者は、こうした洞察を踏まえ、驚くほど複雑な、生きている機械の全部品の特性を明らかにし、分類しようとしている。

われわれは今や、強力な技術を利用し、生きている細胞の極端な複雑さも掘り下げて研究することができる。細胞や細胞のグループを取り出して、そこに含まれるすべてのＤＮＡとＲＮＡの配列を決定し、存在する何千種類ものタンパク質を特定して数えることができる。

また、細胞にあるすべての脂質、糖、その他の分子を詳しく説明することもできる。こうした技術は、われわれの認識の範囲を大きく拡大し、常に変化し続け、目に見えない、細胞の構成部品について、包括的な新しい視点を与えてくれる。

細胞についての新しい展望を開くことで、新しい課題も生まれる。「われわれはデータに溺れながら、知識を渇望している」と、シドニー・ブレナーが看破したように。彼は、あまりにも多くの生物学者が、それが何を意味しているかを完全に理解しないまま、生物の化学反応を記録して説明することに時間をかけすぎていることを懸念した。データの洪水を有益な知識に変えるために大切なのは、「生物がどのように情報を処理しているか」を理解することだ。

それが生物学の偉大な考え方の五番目だ。次の章では、生物を情報の観点から見ていこう。

ステップ 5 情報としての生命

全体として機能するということ

情報は生命の中心にある

はるか昔、子どものころ、あの黄色い蝶は「なぜ」わが家の庭に飛んで来たのだろう？　空腹だったのか、卵を生む場所を探していたのか、それとも鳥に追われていたのだろうか？　あるいは単に、世界を探検したいという生まれつきの衝動にかられて？

もちろん、私には、あの蝶のふるまいの理由を知るすべはないけれど、はっきり言えることは、あの蝶は周りの世界と相互作用して、行動を取っていたということだ。そして、そのために、蝶は情報を管理していたはずだ。

情報は、蝶という存在の中心にあるし、あらゆる生命の中心にある。生体が、組織化された複雑なシステムとして効果的に機能するためには、自分たちが住む外の世界と身体の内側の世界との、両方の状態について、情報を絶えず集めて利用する必要がある。内側と外側の世界は変化するから、生命体にはその変化を検出して反応する方法が必要となる。そうでなければ、あまり長生きできないだろう。

これを、あの蝶にあてはめてみよう。蝶は飛び回りながら、五感でわが家の庭の詳細な絵を作り上げてゆく。目で光を検出し、触角で辺りのさまざまな化学物質の分子を集め、体毛は空気の振動を感知していたんだ。つまり、蝶は、私が座っていた庭の膨大な「情報」を集めた。それから、すぐさま行動できるように情報をまとめて役に立つ「知識」にした。

その知識は、鳥や好奇心旺盛な子どもの影を検出し、花から漂う蜜の香りを認識していたかもしれない。これが次のような結果をもたらした。鳥を回避するか、花にとまって蜜を吸うかのどちらかへと蝶を導く、秩序だった一連の羽の動きへと。蝶は多くの異なる情報源を組み合わせ、自分の未来が良くなる決定を下すために利用したんだ。

このような情報への依存は、生物が目的意識を持って行動することと密接に関連している。蝶が集めた情報には、なんらかの「意味」があったはずだ。蝶はそれを利用し、特定の目的を達成するために、次に何をすべきかを決めた。つまり、蝶は「目的」を持って行動していた。

生物学では、目的について論じても、あまりおかしいとは思われない。一方、物理科学では、川や彗星（すいせい）や重力波の目的について問うことはない。でも、酵母の*cdc2*遺伝子の目的や、蝶が飛ぶ目的を問うことには意味がある。

あらゆる生体は、自らを維持し、組織化し、成長し、そして増殖する。これらは、生物が自分と子孫を永続させたいという、基本的な目的を達成するために発達させてきた、目的を持った行動なんだ。

細胞の究極の目的

目的行動は、生命の決定的な特徴の一つで、生命のシステム全体がまとまって稼働

全体として機能するということ

したときのみ可能となる。生物のこのような際立った特徴を最初に理解した人物の一人が、哲学者のイマヌエル・カントだった。

一九世紀の始まりごろ、著書『判断力批判（Critique of Judgement）』の中で、カントは「生きている身体の各部位は、全体のために存在している。そして、全体は各部位のために存在している」と主張した。生命体は、自らの運命をコントロールする、組織化され、結束した、自己制御力のある存在だと、彼は唱えた。

これを細胞レベルで考えてみよう。それぞれの細胞では、おびただしい数の化学反応と物理的活動が起きている。こうしたさまざまなプロセスがすべて無秩序に行われたり、互いに競合していたりすると、すぐに崩壊してしまう。情報を管理することでのみ、細胞はその極度に複雑な働きに指示を課すことができ、ひいては、生き延びて増殖し続けるという究極の目的を達成することができるんだ。

この仕組みを理解するために、細胞が全体として機能する、化学的かつ物理的な機械であることを思い出そう。個々の構成要素を調べることで、細胞についてよく理解することができる。でも、生きている細胞内で行われている数多くの化学反応は、正常に機能するために、互いに連絡しあって団結して働かなくてはならない。

そうすることによってのみ、細胞の糖が欠乏したり、毒物に遭遇したり、環境や内部の状態が変化したときに、その変化を感知し、なすべきことを調整し、ひいてはシステム全体を可能な限り最適に機能させ続けることができる。

蝶が、周りの世界の情報を集め、行動を修正するためにその知識を利用するのと同じように、細胞は、内と外の化学的かつ物理的な環境を常に評価し、その情報を利用して、自分自身の状態を制御している。

情報を利用することが、細胞にとってどんな意味を持つのか、もっとよく考えてみよう。まずは、人間が設計したもっと分かりやすい機械で検討するのがよいだろう。

たとえば、遠心調速機を見てみよう。最初は石臼とともに使用するために、オランダ人の博学家クリスティアーン・ホイヘンスによって開発されたが、一七八八年にスコットランド人の技術者で科学者ジェームズ・ワットによって、ものすごく上手く改良された。

この装置を蒸気エンジンに取り付けると、エンジンが速くなりすぎて壊れないよう、一定速度を保つことができた。中心軸の周りを回転する二個の金属の球からできていて、蒸気エンジンから動力を得る。エンジンのスピードが速くなってゆくにつれて、遠心力が球を外方向と上方向へ押し出す。

するとエンジンのバルブが開いて、ピストンから蒸気が吹き出し、エンジンの速さを落とす効果がある。エンジンが減速するのにともない、遠心調速機の鋼球は、重力に引っ張られて元の位置まで戻ってくる。するとバルブが閉じ、蒸気エンジンは、ふたたび望ましいスピードまで加速することができる。

ワットの遠心調速機は、情報という観点から見ると、とても分かりやすい。球の位置は、エンジンのスピード情報を読み出す役目を担っている。スピードが望ましいレベルを越えると、蒸気バルブというスイッチが作動して減速する。

つまり、人間のオペレーターからの入力を必要とせずに、機械が自分自身を調節するために利用できる、情報処理装置なんだ。ワットは、目的を持ってふるまう、単純な機械装置を作ったわけだ。その目的は、「蒸気エンジンを一定速度に保って稼働させる」こと。遠心調速機はその目的をみごとに達成した。

生きている細胞の中では、はるかに複雑で微調節が必要なメカニズムを通じてだけれど、遠心調速機と同じように機能するシステムが広く使われている。こうしたメカニズムは「恒常性」（ホメオスタシス）を保つための効率的な手段となる。恒常性は、生存へとつながる状態を維持するために、常に働き続けるプロセスだ。あなたの身体が、体温や体液量や血糖値を一定に保つように働いているのは、この恒常性のおかげなんだ。

DNAの重要な機能

情報処理は、生命のあらゆる側面に浸透している。情報という名のレンズを通して、複雑な細胞部品と細胞内プロセスを覗いてみよう。

最初の例は、DNAとその分子構造が、遺伝を説明している点だ。DNAについての決定的な事実は、それぞれの遺伝子が、A、T、G、CというDNAの四文字アルファベットで書かれた、情報の「直線配列」でできていることだ。直線配列とは、ようするに、「（文字などの）情報を直線的に並べた」という意味にすぎないが、情報の保存や伝達にとても有効な戦略なんだ。読者が今読んでいる単語や文章に使われているのも直線配列だし、机の上のコンピューターやポケットの中のスマホのプログラムも直線配列になっている。

こうしたさまざまな情報は「デジタル」になっている。ここでいうデジタルとは、「情報が少数の桁のさまざまな組み合わせで保存されている」という意味だ。

英語は基本的にアルファベットの「二六桁」を用いている。コンピューターやスマホは「一と〇」のパターンを使用し、DNAの桁はA、T、G、Cのヌクレオチド塩基四つといった具合だ。（少数の桁で意味をあらわす）こういった符号化の大きな強みは、一つの方式から別の方式へ容易に「翻訳」できることなんだ。DNAの符号をRNAへ翻訳し、さらにタンパク質に翻訳するとき、細胞が行っているのはまさにこれだ。細胞は、人間が人工的に作り出したシステムが足元にも及ばないような、スムーズかつ柔軟な方法で、遺伝子情報を物理現象へと翻訳する。さらに、人間のコンピューターは、情報を保存するために、別の物理的な媒体に情報を「書く」必要があるわけだが、DNA分子は「そのものが」情報であり、これはデータをコンパクトに保存する方法なんだ。

情報技術者もこのことを知っており、可能な限り安定しつつ、空間的に効率が良い方法で情報を保管するために、DNA分子で情報を符号化する方法を開発している（訳注：DNAを使った計算をDNAコンピューティングと呼ぶ。まだ研究段階だが、将来的にウェットウェアによるコンピューターが実現するのではないかと期待されている）。

DNAのその他の重要な機能は、自分自身をきわめて正確にコピーする能力で、これも分子構造の直接的な帰結だ。情報という観点から考えると、一対の塩基のあいだの分子間引力（AとT、GとC）は、DNA分子が持っている情報の、正確で信頼性のあるコピー作成法になっている。こうした本質的な再生可能性は、DNAに保持されている情報が、こんなにも安定している理由を説明してくれる。

遺伝子の配列のいくつかは、膨大な期間にわたり、切れ目なく続く細胞分裂を通じて、一貫して壊れずに残ってきた。リボソームなど、さまざま細胞成分を作るために必要な遺伝子暗号の大部分は、細菌だろうと、古細菌や真菌や植物や動物だろうと、あらゆる生き物で同じなのだ。つまり、遺伝子の中核的な情報は、三〇億年くらい保存されてきたことになる。

二重らせん構造がきわめて重要な理由はこれで説明がつく。生命に必要な情報が世代を越えて受け継がれる方法の「トップダウン」で概念的な理解と、細胞が作られて分子スケールで機能する方法の「ボトムアップ」で機械的な理解が必要なのだ。クリックとワトソンは、この二つを結びつける架け橋を作った。生命の化学的性質は、情報という観点で考えたとき、初めて意味をなす。

生命を理解する上で、情報が鍵となる二つ目の例が遺伝子調節だ。これは、細胞が遺伝子を「オン」や「オフ」にするために利用する一連の化学反応のこと。細胞は、いつでも必要になったときに、全遺伝子情報の中から、特定の部分だけを使うことができる。

それにより、たとえば、形のない胚が、最終的に人間へと発達できる。あなたの腎臓や皮膚や脳の細胞は、みな、二万二〇〇〇個の全遺伝子を含んでいる。

腎臓を作るための遺伝子調節では、腎臓に必要な遺伝子だけが胚細胞で「オン」になり、皮膚や脳を作るために機能する胚細胞は「オフ」になる。あなたの身体のそれぞれの器官の細胞が異なっているのは、異なる遺伝子の組み合わせを利用するからだ。あなたの遺伝子全体のうち、オンになっているのは、五分の一にあたる四〇〇〇個くらいだと考えられている。この四〇〇〇個の遺伝子を、あなたの身体のありとあらゆるタイプの細胞が、生存のために必要な基本的な働きを支えるために利用している。残りの五分の四は、ある種の細胞だけに必要な特定の機能を果たしたり、必要になったとき、たまに利用されるだけだ。

遺伝子調節はまた、まったく同じ一連の遺伝子を利用して、一生のいろいろな段階で劇的に変わる生き物を作り出す。精緻で複雑なヤマキチョウは、あまりパッとしない緑の芋虫から、その一生をスタートさせる。一つの形から別の形への劇的な変態は、ゲノムに保存された同じ一連の情報から、異なる部分を取り出して利用しながら成し遂げられる。

でも、遺伝子調節が大切なのは、生命体が成長し発達しているときだけじゃない。すべての細胞が、環境が変化したときに、生き延びて適応するため、機能と構造を調整するんだ。たとえば、細菌は新しい糖類に出くわしたら、その糖を消化するのに必要な遺伝子をすぐにオンにするはずだ。その細菌は自動的に「自分が生き延びて繁殖する可能性を高める」のに必要な遺伝子情報を選択する。つまり、自己調節システムを備えているわけだ。

遺伝子のオンとオフ

生化学者たちは、遺伝子調節がさまざまな偉業を成し遂げるために利用する、基本的なメカニズムの多くを解明してきた。タンパク質には、遺伝子をオフにする「制御体」（repressor）として機能するものと、遺伝子をオンにする「活性体」（activator）として機能するものがある。このようなタンパク質は、調節したい遺伝子の近くで特定のDNA配列を探し出して結合する。こうして、メッセンジャーRNAが作られ、リボソームに送られてタンパク質を作るか（オンの場合）、作らないか（オフの場合）が決まる。

これらすべてが、化学的レベルでどのように働くかを知ることは重要だ。でも、遺伝子が「どのように」調節されているかを問うのと同じくらい、「どの」遺伝子が調節され、オンとオフのどちらになっているのか、そして「なぜ」それが起きているのかを理解したいのだ。こうした疑問に答えることは、新しい理解のレベルへとつながる。

たとえば、均一な人間の卵細胞のゲノムに保持されている情報が、赤ちゃんに存在する何百ものタイプの細胞を形成する指示を出すために、どのように利用されているのか？　新しい心臓の薬が、心筋細胞のふるまいを修正するために遺伝子をオン、オフにする方法は？　新しい抗生物質を作るために、細菌の遺伝子を再構築する方法は？

他にもまだまだたくさんある。こんなふうに遺伝子調節を考え始めると、生命の仕組みを理解するために、情報処理に基づいた概念が絶対に必要なことは明らかだ。

こうした強力な考え方は、ジャック・モノーと同僚のフランソワ・ジャコブの研究から生まれた。一九六五年に彼らにノーベル賞をもたらした研究だ。彼らは、自分たちが研究している病原性大腸菌が、二種類の糖類のどちらか一方だけでしか生きられないことを知っていた。各々の糖を分解するには、異なる遺伝子によって作られた酵素が必要だから。問題は、この細菌が、どのようにして、二種類の糖を切り替える方法を決めているのかだった。

二人は、一連の素晴らしい遺伝実験を考案し、この遺伝子調節の根底にある理屈を明らかにした。細菌が一種類の糖を餌にしているとき、遺伝子抑制タンパクが、もう一方の糖を食べるのに必要な遺伝子のスイッチを切っている。

でも、もう一方の糖があるとき、細菌は、抑制されていたその糖を消化できる遺伝子に急いで切り替える。どうやって切り替えるのかって？　切り替えの鍵は、なんと、糖そのものなんだ。糖は、抑制タンパクにひっついてその機能を封じ、抑制されていた遺伝子が戦線復帰できるようにする。これは、目的を達成するための経済的で正確な方法だ。

進化は、この細菌が別のエネルギー源の存在を知覚し、その情報を利用し、内部の化学的性質をうまく調節する方法を編み出したんだ。

なにより感心するのは、当時、このプロセスに関与する遺伝子とタンパク質の正体を誰も突き止めていなかったのに、ジャコブとモノーが仕組みを解明したこと。彼らは「情報」というプリズムを通して細菌を調べることで問題を解決した。自分たちが研究している細胞プロセスを支えている、化学物質などの「ナットとボルト」をすべて知る必要なんてなかったのだ。

その代わり、彼らは、遺伝学に基づくアプローチを取り、このプロセスに関与する遺伝子を変異させ、遺伝子発現を制御する抽象的な情報要素として遺伝子を扱った。

ジャコブは『生命の論理』（The Logic of Life）、モノーは『偶然と必然』（Chance and Necessity）という本を著した。いずれの本も、私がこの本で論じているのと同じような問題を扱っており、私は大きな影響を受けた。モノーとは面識がなかったが、ジャコブとは何度も会ったことがある。最後に会ったのは、パリで昼食に誘ってくれたときのこと。彼は自分の人生を語り、さまざまなことを議論したがった。

生命をどのように定義すべきか、進化の哲学的な意味合い、生物学の歴史における フランス人科学者とアングロサクソンの科学者による対照的な貢献などなど。彼は戦争で受けた古傷のせいで、常にもぞもぞ身体を動かしていたが、典型的なフランス知識人で、哲学から文学、政治にいたるまで、驚くほど博識だった。私にとって、素晴らしい、忘れがたい出会いだった。

ノーベル賞を受賞した庭師？

ジャコブとモノーは、どうやって遺伝子配列からタンパク質、さらに細胞機能へと情報が流れ、その流れが管理されているのかについての理解が進みつつあった時期に研究をしていた。こうした「情報」を中心にすえたアプローチは、私自身の発想も導いてくれた。研究の道を歩み始めたとき、私は細胞がどうやって自分自身の状態を把握し、細胞周期を制御するために内部の化学的性質を整えるのかを知りたいと思った。

単に細胞周期中に何が起きているかを説明したかったのではなく、何が細胞周期を「制御」しているのかを理解したかった。私は、情報という観点から細胞周期について考え、細胞を単なる化学機械としてではなく、ジャコブとモノーが考えていたように、論理的な計算機械として捉えるよう努力した。情報を処理して管理する能力にこそ、細胞の存在とその未来がかかっていると考えたんだ。

ここ数十年で、生物学は強力なツールを開発し、生きている細胞の多様な構成要素を特定して数え上げることに労力を注いできた。たとえば、私の研究室では、分裂酵母の全ゲノム配列を決定することに注力した。われわれは、バート・バレルと一緒にこの研究を推し進めた。

バートはフレッド・サンガーの共同研究者だった（フレッドは、知る人ぞ知る、一九七〇年代にＤＮＡの配列を決定するための、実用的で信頼できる方法を考案した人物である）。公式には科学界から引退していたフレッドとも何回か会った。

フレッドはどちらかといえば物静かな紳士で、バラを育てるのが好きで、私が出会ってきた最も成功した科学者の多くと同じように、常に時間を惜しまず、年下の科学者たちに話しかけ、励ましてくれた。バートの研究室にやってくるフレッドは、まるで道に迷った庭師のようだった。ノーベル賞を二つも受賞した庭師だ！

バートと私は、分裂酵母のゲノムの約一四〇〇万個のＤＮＡ文字を全部読むため、ヨーロッパ中のおよそ一二の研究室からの協力成果を取りまとめた。完了するまでに、およそ一〇〇名で三年ほどかかった。そして、私の記憶が正しければ、完全かつ正確に配列が決定された三番目の真核生物となった。二〇〇〇年ごろのことだ。今では、同じゲノム配列を二、三人で、一日もあれば決定できてしまう！　ＤＮＡ配列決定は、この二〇年間で、これほどまでに進歩したのだ。

こんなふうにデータを集めることは重要だが、それは、すべてがどのように連携して働いているかを理解するという、もっと困難だがやりがいのある目的への初めの一歩に過ぎない。この目標を忘れてはならない。そして、「細胞は、生命の複雑な特性を実現するために連携して働く、個々のモジュールの集まりなんだ」と考えることで、ほとんどの進展がもたらされると思う。ここで、モジュールという言葉は、特定の情報処理機能を遂行するために、一つの単位として機能する、構成要素の集まりを意味する。

この定義にしたがえば、ワットの調速機は、エンジンのスピードを制御するという明確な目標を持った「モジュール」とみなすことができる。ジャコブとモノーが発見した、細菌内での糖の利用法を制御する遺伝子調節システムも、別のモジュールの例だ。情報という観点から見ると、二つとも同じような働きをしている。両方とも「負のフィードバック・ループ」と呼ばれる情報処理モジュールの例なのだ。

複雑さの「意味」を捉える

この種のモジュールは、定常状態を保つために使われ、生物で広く利用されている。たとえば、あなたが砂糖をまぶしたドーナッツみたいな、甘いお菓子を食べたあとには、血糖値が比較的一定に保たれるよう、このモジュールが働いている。あなたの膵臓の細胞が血液中の過剰な糖を検出すると、インスリンというホルモンを血流に放出する。

次に、インスリンは、肝臓の細胞や、筋肉細胞と脂肪細胞に血液から糖を吸収するよう促し、血糖を減らし、不溶性グリコーゲンか脂肪のどちらかに変えて、後で使うためにためておく。

もう一つの別の種類のモジュールは「正のフィードバック・ループ」だ。こちらは、いったんオンにすると決してオフにできない、不可逆のスイッチの役割を担う。正のフィードバック・ループは、たとえば、リンゴの熟し方を制御する。熟れてゆくリンゴの細胞は、エチレンと呼ばれる気体を発生させ、それが熟成を早めるのと同時に、さらにエチレンを生成する。

その結果、リンゴの熟成は決して止むことなく、近くのリンゴ同士がもっと早く熟れるように助けあうことになる。

異なるモジュールが組み合わさると、さらに高度な結果を生み出す。たとえば、オンとオフの状態を可逆的に反転することができるスイッチを作り出すメカニズム。あるいは、途切れなくリズミカルにオンとオフを脈打つ振動子などだ。生物学者は遺伝子活性のレベルやタンパク質濃度で作動する振動子を特定してきた。こうした振動子は、たとえば昼と夜を識別するためなど、さまざまな目的に利用されている。

植物の葉には、時間の経過を計るために、遺伝子とタンパク質の周期的に振動するネットワークを利用する細胞がある。これにより、植物は新しい一日の始まりを予測し、光が差す前に光合成に必要な遺伝子をオンにすることができるんだ。その他、細胞間のコミュニケーションの結果、オンとオフに脈打つ振動子もある。その一つの例が、今まさにあなたの胸で鼓動している心臓だ。

もう一つの例は、あなたの脊椎でカチカチと作動しているニューロンの振動回路で、脚の筋肉の収縮と弛緩（しかん）という特定の繰り返しパターンを活性化させ、あなたが一定ペースで歩けるようにしてくれる。すべてあなたが意識的に考えることなく起きていることだ。

生体内では、さまざまなモジュールが連結して、より複雑なふるまいを生んでいる。

喩えるなら、スマホのいろんな機能みたいなものだ。通話をしたり、インターネットに接続したり、写真を撮ったり、音楽を聴いたり、メールを送ったり、スマホのそれぞれの機能は、細胞で作動しているモジュールと同じようなものだ。

スマホを設計するエンジニアは、さまざまなモジュールが確実に連携し、スマホに求められるすべての事ができるようにしなければならない。そのため、彼らは異なるモジュール間を情報がどのように流れるかを示す論理マップを作る。新しいスマホの設計をモジュールのレベルで始めることには大きな利点がある。

個々のパーツの迷宮に迷い込んでしまうことなしに、自分たちの設計が、機能的にうまくいくことを確認できるんだ。モジュール化により、初っ端から、トランジスター、コンデンサ、レジスタなど、数え切れないほどの電子部品に頭を煩わされずに済む。

同じアプローチを採用することで、細胞を効率的に理解できる。細胞のさまざまなモジュールを理解し、細胞がそれらを束ねて情報を管理する方法さえ分かれば、モジュールの働き方にかかわる、微小な分子レベルの詳細は、必ずしも知る必要がない。われわれが最も望むのは、複雑さの「目録を作る」ことではなく、「意味」を捉えることなのだから。

たとえば、この本に印刷されている全単語のリストを、出現頻度も併せて、読者に渡すことができる。それはまるで、取扱説明書なしで、パーツのリストを渡されるようなものだ。リストで、文章の複雑さは感じてもらえるかもしれないが、文章の意味はほとんど失われてしまう。

意味を掴(つか)むには、単語を正しい順序で読み、それがより高いレベルの文や段落や章となって、「いかにして情報を伝えているか」を理解しなくてはだめだ。すべてが連携して、物語を伝えたり、理由を述べたり、アイデアをつなげたり、説明したりする。

生物学者が細胞内のすべての遺伝子やタンパク質や脂質を分類するときも、これとまったく同じだ。分類作業は重要な出発点だが、われわれが本当に求めているのは、パーツがどのように連携してモジュールを形成し、細胞を生き続けさせて、繁殖を可能にしているかを理解することなんだ。

細胞の記憶

たった今、私が例にひいたスマホのように、電子機器やコンピューターに由来する喩えは、細胞や生き物を理解するのに役立つが、注意も必要だ。生物が使用する情報処理モジュールと、人工的な電子回路は、いくつかの点で非常に異なっている。デジタルなコンピューター・ハードウエアは、一般的に静的で柔軟性に欠ける。だからこそわれわれは「ハードウエア」と呼んでいるのだ。

それに対して、細胞や生体の「配線」は、細胞内の水に拡散し、別々の細胞内区画や細胞のあいだを移動する。つまり、生化学は流動的で動的（ダイナミック）なんだ。生体内のパーツは、自由に再結合されたり、再配置されたり、別の目的で使われたりし、効率的にシステム全体を配線しなおす。

だから、ハードウエアとソフトウエアの喩えは、すぐに無理が出始める。そこで、システム生物学者のデニス・ブレイは、生命という「柔軟性のあるコンピューター材料」を「ウェットウェア」と呼ぶことにした。言い得て妙ではないか。細胞は、湿った（ウェットな）化学を媒介して、パーツ同士がつながっている。

このことは脳にもあてはまる。脳は典型的な、きわめて複雑な生物コンピューターだ。あなたの一生を通じて、神経細胞は成長し、収縮し、他の神経細胞との結合を築いたり壊したりしている。

複雑なシステムが、目的に向かって、まとまって行動するためには、システムのさまざまな構成要素と外部環境のあいだで、効果的なやりとりが必要だ。生物学では、こうしたやり取りを実行する一連のモジュールを「シグナル伝達経路」と呼ぶ。あなたの血糖を調整するインスリンみたいに、血液に放出されるホルモンは、シグナル伝達経路の一例だが、他にもたくさんある。

シグナル伝達経路は、細胞内、細胞と細胞のあいだ、器官と器官のあいだ、生物と生物のあいだ、生物の集団と集団のあいだ、さらには生態系全体のさまざまな種のあいだでさえ情報を伝達する。

シグナル伝達経路は、情報を伝達する方法を調整して、さまざまな結果を出すことができる。電気のスイッチみたいに、信号を送って単純に出力をオンやオフにすることもできるが、信号はもっと微妙に作用することもできる。たとえば、弱い信号が一つの出力のスイッチを入れ、もっと強い信号がもう一つの出力のスイッチを入れたり。ささやき声で隣の人の注意はすぐに引けるけれど、緊急時に部屋中の人を避難させるには大声で叫ぶ必要がある。それと同じだ。細胞はシグナル伝達経路の動的なふるまいを活用して、はるかに豊富な情報を伝えることもできる。信号そのものはオンかオフしかできなくても、この二つの状態のそれぞれに費やされる時間を変化させることで、より多くの情報を伝えることができる。

そのよい例がモールス信号だ。信号パルスの長さと順序の単純な組み合わせで、モールス信号の「ドット（・）」と「ダッシュ（―）」は、SOS信号だろうと、ダーウィンの『種の起源』の本文だろうと、意味を満載した情報を伝えることができる。時間の長短を利用する生体のシグナル伝達経路は、単純な「イエス／ノー」「オン／オフ」といった信号より、もっと多くの意味を伝えることができ、情報に富んだ特性を持っている。

　というわけで、細胞には、空間を通して信号を送ることに加え、時間を通して信号を送る方法が必要だ。そのためには、生体システムは情報を「記憶」できなければいけない。つまり、細胞は過去の経験の化学的な痕跡を持ち歩けるということだ。今は細胞の話をしているのだけれど、ちょうど、脳が形作る記憶のようなものと想像してもらってかまわない。細胞の記憶は、ついさっき起きた出来事に対する儚い印象から、DNAによって保持される長期的で安定した記憶まで、多種多様だ。

　細胞は、細胞周期中、短期の過去の情報を利用する。細胞周期の初期に発生した事象が「記憶され」、その後の周期で起きる事象へと申し送りされる。たとえば、DNAをコピーする過程がまだ完了していないか、上手くいかなかった場合、その事実を登録し、細胞分裂を引き起こすメカニズムに「ちょっと待ちな！」と知らせる必要がある。

そうしなければ、細胞は全ゲノムがちゃんとコピーされる前に分裂しようとして、遺伝情報の欠落や細胞の死をもたらしかねない。

エピジェネティクス

遺伝子調節に関与するプロセスのおかげで、細胞は、より長期に渡って情報を保存することができる。このプロセスは、二〇世紀半ばに、イギリスの生物学者コンラッド・ウォディントンの強い興味を惹いた。私は、一九七四年にエジンバラ大学で博士課程修了後の研究を始め、彼と出会った。

コンラッドは、芸術から詩や左翼的政治まで、幅広く関心を寄せる、魅力的な人物だった。彼は、「エピジェネティクス」という新語を作ったことで有名だ。彼は、胚芽の発達中に、細胞が徐々に、より特別な役割を帯びてゆく状況を言いあらわすために、この言葉を造ったのだ。

成長中の胚芽が「君はこの特別な役割を担い続けたまえ」と、細胞に指示すると、細胞はその情報を記憶して、めったに進路を変更しない。だから、細胞は、いったん腎臓の一部を形成することを請け負ったら、ずっと腎臓の一部であり続ける。

現在、ほとんどの生物学者は、ウォディントンの考え方に沿って、エピジェネティクスという言葉を使っている。細胞が、かなり永続的な方法で、遺伝子をオンかオフにするために利用する、一連の化学反応のことを指す言葉なんだ。

こうしたエピジェネティック（＝後成的）なプロセスは、遺伝子そのもののＤＮＡ配列を変えはしない。その代わり、ＤＮＡや、ＤＮＡに結合したタンパク質に化学的な「タグ」を付けることで機能する。これにより、細胞の寿命が続くあいだ、あるいは、たくさんの細胞分裂を通じて、長期間にわたり持続する、遺伝子活性のパターンが作られる。

稀にだが、一つの世代から次の世代まで持続し、個々の生命体の生活史と経験に関する情報を、化学的な形態で、親から子へ、さらに次の世代へと直接伝える可能性さえある。

こうした遺伝子発現のパターンの世代を超えた持続性は、「遺伝というものは、遺伝子に暗号化されたＤＮＡ配列だけに基づく」という考えに、大きな挑戦状を突きつけていると、主張する人たちもいる。でも、現時点での科学的な証拠からすると、世代を超えたエピジェネティックな遺伝が発生することは、きわめて稀で、人間と哺乳類ではめったに起きないと言っていい。

一滴のインク

遺伝子調節に加えて、情報処理も、生物が空間に秩序だった構造を築くために重要だ。あのヤマキチョウを例にとってみよう。蝶は、ものすごく複雑な構造物だ。羽は飛べるように入念に形作られ、その羽には斑点と血管がとても正確に配置されている。さらに、一羽一羽の蝶は、同じ設計で組み立てられている。すべてが、頭部、胸部と腹部、六本の脚と二本の触角を備えている。

このような構造はすべて、（たとえば脚だけが大きすぎたりせず）身体の残りの部分と絶妙な比率で作られる。こうした途方もない空間構造は、どうやって作り出されるのだろう？　たった一つの均一な卵細胞から、どうやって出現するのだろう？

細胞だって、一七世紀にロバート・フックが記述したコルクの細胞や、少年時代に私が観察したタマネギの根っこの細胞みたいな、通常の箱状とは明らかに異なる、非常に精緻な構造になることがある。

たとえば、クシ状の毛が生えていて、絶えず粘液や感染源を肺から叩き出している肺の細胞。あるいは、骨の中で骨を作っているキューブ型の細胞。さらには、枝分かれした長いつながりが、体中のすべての部位にまで達しているニューロン。他にもまだまだたくさんある。

そして、こうした細胞内では、細胞小器官が正確に配置されて成長し、細胞が変化するにつれ、その位置を調整する。

この空間的な秩序がどのように発達するかが、生物学の難題の一つだ。満足のゆく答えは、「情報がどのようにして、空間と時間を通して伝えられるのか」を理解することにかかっているだろう。目下、われわれが充分に理解しているのは、分子がそのまま集まってできた、生物学的な物体の構造だけだ。

リボソームが良い例だ。この比較的小さな物体の形は、分子間の化学結合によって決まる。ちょうど、レゴみたいに、三次元のジグソーパズルのピースで作られているようなものだ。

つまり、こうした構造を組み立てるために必要な情報は、タンパク質とRNAという、リボソームの部品の「形」に組み込まれている。こうした形は、最終的に、遺伝子が持つ情報によって正確に指定される。

もっと大きな規模の、細胞小器官、細胞、器官、生命体全体において、構造が生まれる仕組みを理解するのはさらに難しい。部品同士の直接的な分子の相互作用では、こうした構造が生じる仕組みを説明できない。

一つには、それらがリボソームみたいな物体よりも、はるかに大きいことが原因だ。さらに、細胞や身体が成長しても縮んでも、さまざまなサイズで、完璧な構造を作り出して維持できることも原因だ。固定された、レゴみたいな分子の相互作用だけでは不可能なのだ。細胞の分裂を例に取ろう。

細胞は、よく組織化された全体構造を備えていて、分裂すると、ほぼ半分のサイズの二つの細胞を生み出すが、それでもなお、それぞれの細胞は元の「母細胞」と同じ全体構造を持っている。

同様の現象は、ウニなどの胎芽の発達でも見られる。受精したウニの卵は細胞分裂を繰り返し、精緻で美しい、小さな生き物を生み出す。卵の最初の分裂でできた二つの細胞を切り分けると、それぞれの細胞は完璧に形作られた二つのウニを生み出すが、驚くべきことに、両方とも同じ年代の通常のウニの半分の大きさしかないんだ。こうした「大きさの自己調整」は、一世紀以上にわたって生物学者を悩ませてきた。

でも、情報という観点を考慮することで、生物学者はこれらが形作られる仕組みを理解しつつある。成長中の胚が、均一な細胞や細胞群を、高度にパターン化された構造へ変えるために必要な情報は、どうやって作ればいいのか？

一つは、化学的な勾配を作ること。水が入ったボウルにインクを一滴たらすと、インクは落下した場所から、ゆっくり拡散してゆく。インクの色の濃さは、落下地点から離れるにつれ薄くなってゆき、化学的な勾配ができる。その勾配を情報源として利用することができるんだ。たとえば、インクの分子の濃度が高ければ、最初にインクがたらされた、ボウルの真ん中に近いことが分かる。

ボウルを同一の細胞でできたボール（！）に置き換えてみよう。そしてインクの代わりに、ボールの片側に細胞の性質を変えることができる特定のタンパク質を注入する。何をしたかと言うと、細胞たちに空間情報を追加して、パターンを作り始めることができるようにしたのだ。

タンパク質は細胞に拡散し、ボールの片側では濃度が高く、反対側では濃度が低い勾配ができる。細胞が、高い濃度と低い濃度とで異なる反応をすれば、タンパク質の勾配は、複雑な胚の構築に取り掛かるために必要な情報を提供できる。

たとえば、高濃度のタンパク質が頭部の細胞を作り、中間の濃度が胸部の細胞を作り、低濃度が腹部の細胞を作るのだとすれば、単純なタンパク質の勾配が、原理的には、新たなヤマキチョウの始まりにつながる可能性がある。

チューリングの独創的なアイデア

実際には、こんなに単純にいくわけじゃない。でも、発達中の生命体の身体の中に存在するシグナル伝達分子の勾配が、実際に、高度な生物学的形状の出現に関係しているという、充分な証拠がある。

エニグマの暗号解読で有名で、現代のコンピューターの創設者の一人でもある、あのアラン・チューリングが一九五〇年代に取り組んでいたのが、こうした一連の問題だ。彼は、胚がどのようにして自分の内部から空間的な情報を生み出すかについて、独創的な代替案を思いついた。

彼は、相互作用している化学物質のふるまいと、それらが構造に拡散するときに起きる特定の化学反応とを予測する、一組の数学の方程式を編み出した。予想外なことに、彼が反応拡散モデルと呼んだこの方程式は、化学物質を精緻で時に美しくすらある空間パターンに配列することができた。方程式のパラメーターを微調整することで、二つの物質は、たとえば、等間隔の斑点や縞（しま）模様や不均一な斑（まだら）模様に自らを組織化することができた。

チューリングのモデルの魅力的な部分は、二つの物質の相互作用による、比較的単純な化学規則にしたがって、パターンが自然発生的にあらわれることだ。つまり、これは、発達中の細胞や生命体が、形になるために必要な情報を生成する方法になりうる。いわゆる「自己組織化」というやつだ。

チューリングは、自分の理論を実際の胚で試す前に亡くなってしまったが、発生生物学者は、現在、これがチーターの背中に斑点をつけ、多くの魚に縞模様をつけ、あなたの頭に毛包を分布させ、さらには、発達中の赤ちゃんの手を五本の指に分けるメカニズムかもしれないと考えている。

生命を情報という観点から見るとき、生物系が何百万年もかけて徐々に進化してきたことを忘れちゃいけない。これまで見てきたとおり、生命の革新は、ランダムな遺伝子の変異の結果として生じる。

そして自然淘汰によってふるいにかけられ、うまく機能しているものは、生き残りに成功した生体構造に組み込まれてゆく。つまり、既存のシステムは、徐々に「アドオン」（拡張機能）が加わってゆくことで、漸進的に変化してゆく。

ある意味、頻繁に新しいソフトウエアのアップデートを読み込んでインストールする、あなたのスマホやコンピューターに似ている。機器は新しい機能を獲得するが、それを作動させるソフトウエアも着実に複雑になってゆく。

生命も同じように、遺伝子の「アップデート」で、細胞のシステム全体が時間とともに徐々に複雑になる傾向にある。これは「余剰」へとつながる。機能が重複する部分もあれば、使われなくなったパーツの遺物、なかには通常の機能にはまったく必要ないけれど、メインの部品が壊れたときに補ってくれるものも出てくる。

つまり、生きているシステムは、人間によって理にかなうよう設計された制御回路よりも、非効率かつ非合理的に構築されていることが多い。

これが、生物学とコンピューターの類比(アナロジー)に限界がある、もう一つの理由だ。シドニー・ブレナーが指摘したように「数学は完璧を目指す学問。物理学は最適を目指す学問。生物学は、進化があるため、満足できる答えを目指す学問だ」。

自然淘汰を生き残る生命体は「なんとかやっていかれる」から存続するのであって、必ずしも、最大効率、あるいは最短のやり方をするわけじゃない。こうした複雑さと余剰が、生体シグナル伝達ネットワークと情報の流れの分析を難しくしている。多くの場合、ある現象に対する最も簡単で適切な解釈を見つけるという、「オッカムのかみそり」はあてはまらない。

これが、生物学に関心を寄せる物理学者の邪魔をする。物理学者はエレガントで単純な解に惹かれがちなため、生きてるシステムのごちゃごちゃして完璧とは程遠い現実に、居心地の悪さを感じる可能性がある。

新たなひらめきの可能性

私の研究室は、自然淘汰によってもたらされる余剰や複雑さとたびたび格闘してきた。生物学的プロセスが働く仕組みについての根本的な原理を分かりにくくしてしまうからだ。このような問題と取り組むため、われわれは、分裂酵母を遺伝子的に操作し、単純化した細胞周期の制御回路を作り出した。

それはまるで、自動車から、車体やライトやシートなどの、本質的な機能に不可欠ではない部品を剥ぎ取って、エンジンや変速機や車輪などの、絶対に必要なものだけ残すようなものだった。

これが思ったよりもうまくいったんだ。細胞は単純化されても、細胞周期制御としての重要な機能を遂行できた。複雑なメカニズムを分解して基本的要素にすることで、情報の流れを分析しやすくなり、細胞周期の制御システムに関する新たな知見を得ることができた。

この実験で選抜された、不可欠な細胞周期調節因子のグループに含まれていたのが、*cdc2*遺伝子だ。酵母細胞は、細胞周期を進むにつれ、細胞自身が着実に成長し、C*dc2*タンパク質とサイクリンタンパク質を含むCDK複合体も増加してゆく。情報の観点から見ると、細胞は、存在する活性CDK複合体の「量」を利用している。活性CDK複合体の量を見れば、細胞は自分の大きさが分かるし、細胞周期の次の大きなステップに進んでいいかどうかも分かる。

細胞周期の初期に必要なタンパク質は、早期にCDK複合体によってリン酸化され、それがS期におけるDNAのコピーへとつながり、後で必要になるタンパク質はもっと後でリン酸化され、細胞周期の終わりの有糸分裂と細胞分裂へとつながる。「早期」のタンパク質は「後期」タンパク質よりも、CDK酵素活性に敏感に反応するため、細胞内でのCDK活性が少なくてもリン酸化してゆく。

この細胞周期制御の単純なモデルによって、CDK活性が、細胞周期制御の中枢にある調整ハブ（拠点）であることが突き止められた。こうした解釈は、ネットワークのうわべの複雑さや、さまざまな構成要素の重複した機能や、あまり重要ではない制御メカニズムの存在、そしておそらく、単純さを追求するよりは複雑さをありがたがる、人の心の傾向によって、われわれの視界から遮られていたんだ。

私が細胞に焦点を当てることに、この章の大半を割いてきたのは、それが生命の基本単位だからだけれど、生命を情報として考えることの意味合いは、細胞の枠を越えて広がっている。分子の相互作用と酵素の活性、そして物理的なメカニズムが、情報を生み、伝達し、入手し、記憶し、処理する方法を探すことは、生物学のあらゆる分野で、新たなひらめきへとつながる可能性を秘めている。

こうしたアプローチがもっと広まれば、生物学は、かつての常識的で馴染み深い世界から、もっと抽象的な世界へとシフトするかもしれない。それは、二〇世紀の前半に物理学で起きた、アイザック・ニュートンの常識的な世界からアルバート・アインシュタインの相対性原理によって支配される宇宙、さらに進んで、ヴェルナー・ハイゼンベルクとエルヴィン・シュレディンガーによって明かされた量子の「奇妙さ」への大きな転換に匹敵するかもしれない。

生物学の複雑さは、風変わりで直感的でない解釈へとつながるかもしれない。それを解決するために、生物学者はこれまで以上に、数学者やコンピューター科学者や物理学者といった、他の分野の科学者、さらには、(われわれの世界の日常的な経験にあまり重点を置かず、抽象的に考えることに慣れている) 哲学者の助けすら必要になるだろう。

情報を中心に据えた生命観は、細胞より高いレベルで生体を理解する助けにもなる。細胞が相互作用して組織を生成する方法や、組織が器官を作る方法、器官が協力して、人間などの完全に機能する生き物を作り出す方法に光を当てることができるんだ。

種の中や種と種のあいだで、生体がどのように相互作用しているか、そして、生態系と生物圏がどのように機能しているかに目を向けると、もっと大きなスケールでも同じことが言える。分子から地球の生物圏まで、あらゆるスケールで情報処理が発生している事実は、生物学者の生命プロセスの理解の仕方に重要な意味を持つ。

たいていは、研究している現象に近いレベルで理解できる説明を探すのがいちばんだ。納得のいくものにするために、そうした説明を遺伝子やタンパク質といった分子規模の領域まで還元する必要は必ずしもない。

しかし、一つのスケールでの情報処理が分かると、それに似たことが、大きなスケールや小さなスケールでも起きている可能性がある。たとえば、代謝酵素を調節したり、遺伝子を制御したり、身体の恒常性を保ったりする「フィードバックモジュール」を支えている考え方は、生態学者の研究に役立つかもしれない。

なぜなら、気候変動や生息地を奪われた結果、特定の種が絶滅したり、従来の生息域から外へ移動したとき、自然環境がどのように変わるかも、フィードバックモジュールの考え方によって、より正確に予知することが可能になるからだ。

複雑さを理解するための手段

私は甲虫や蝶や昆虫全般に関心があるので、世界各地で観測される昆虫の数と多様性が失われてきていることに不安を募らせている。特に気がかりなのは、こうした事態が起きている理由が分からないことだ。生息地破壊のせいなのか、気候変動、農業の単一栽培、光害、殺虫剤の使いすぎ、それとも他の原因だろうか？

いくつもの説明が提案され、自分たちの理論が絶対に正しいと確信している人たちもいるけれど、実のところ、よく分かっていない。昆虫の生息数の減少を回復させるために何かするならば、昆虫と昆虫を取り巻く世界との相互作用を理解する必要がある。

それを可能にするのは、異なる分野の科学者たちの協力だ。みなが情報という観点から知恵を出しあうことで、事態が変わるかもしれない。

われわれが、どのレベルで生き物を調べていようと、理解を深めようとするならば、情報がそれらの内部でどう処理されているかを理解しなくちゃいけない。それが、複雑さを「書き留める」ことから、複雑さを「理解する」ことへ飛躍する手段なんだ。

これができるようになれば、羽ばたいている蝶や、糖を摂取する細菌、発達中の胚、その他すべての生命体が、情報を知恵に変えて使う方法が、見え始めてくるだろう。それは、生き残り、成長し、繁殖し、進化するための決定的な飛躍なんだ。

生命の化学的および情報的な基礎への理解が進むと、生命を理解するだけでなく、生物たちの営みに介入する力も伸びてゆく。そこで、ここまでの五つのステップからもらったヒントを使って「生命とは何か」を定義する前に、いかにして生物学の知識で「世界を変えることができるか」を考えてみたい。

世界を
変える

緊急手術

二〇一二年、私は南極スコット調査基地へ旅立つ予定だった。前からずっと、最果ての地、広大な南極の凍てつく砂漠を訪ねてみたいと思っており、ようやく機会が巡ってきたのだ。旅の前に定期検診を受けなければならなかった。だが、結果は穏やかなものではなかった。私は人生で初めて、死すべき運命に直面することになった。

なんと、重度の心臓疾患にかかっていたのだ。このありがたくない発覚から数週間後、私は麻酔をかけられ、手術室に横たわっていた。外科医は私の胸を切り開き、心臓の筋肉に充分な血液を供給できず、正常に機能していない血管を特定した。次に、胸の動脈と脚の静脈を四ヶ所、短く切除して摘出し、問題部分を血液が迂回できるよう心臓に「配管」した。数時間後、打ちのめされてボロボロの状態ではあったが、私は修復された心臓とともに目覚めた。

手術が私の命を救ってくれたのだ。手術の成功は、直接には、私を治療してくれた医療スタッフの卓越した技能と思いやりのおかげだった。しかし、広い視野で見れば、「生命とは何か」を人類が理解しているからこそ、私の命はつながったのだ。手術のあらゆるステップが、人体、組織、細胞、その内部の化学的構造に関する知識に導かれていた。

麻酔医は、自分が投与した薬剤が、私の脳の意識を失わせ、その後、意識が戻ることを確信していた。ある溶液が私の心臓に注入され、数時間にわたって完全に心臓の鼓動を止めた。その溶液には、私の心筋細胞の化学的性質を変えて弛緩（しかん）させるのに、ほどよい濃度のカリウムが含まれていた。人工心肺装置は、正確かつ適切に血液に酸素を送り込んでいた。

手術中と術後には、感染性細菌を寄せつけないために抗生物質を投与された。生命についてのこのような知識がなかったら、私は今ここでこの文章を書いていないだろう。

命への理解が進むにつれ、われわれは新たに、生き物を「操作」して変える大きな力を獲得した。しかし、このような力は適切に行使されなければならない。生体システムは複雑なのだ。充分に理解する前にいじくれば、間違って、問題を解決するどころか収拾がつかなくなる恐れがある。

歴史を通じて、人々の命の大半は、老齢が原因ではなく、感染症によって最期を迎えている。細菌、ウイルス、菌類、線虫、他の寄生虫の宿主、疫病に襲われ、数え切れない命が奪われた。多くは幼少期を終える前に亡くなっている。一四世紀に世界中を席巻した腺ペストは、ヨーロッパの全人口の半数近くを死にいたらしめた。歴史の大半において、死は常に生活と隣り合わせにあった。

今日ではそうではない。ワクチンや公衆衛生や抗菌薬があるからだ。かつては致命的だった、命に関わるさまざまな感染症を予防、治療、抑制するため、必要な手段を講じることができる。かつては、治療不可能と目されたＨＩＶでさえも、正しく対処すれば、今では、安定した慢性疾患として治療することができる。

かつては、迷信や、こじつけや、根拠に欠け、危険ですらある民間療法を頼りに、健康管理をしていた。数千年後の今のこの変わりようは、まさに奇跡としか言いようがない。すべては科学によって生み出された、生命に関する知識の上に成り立ち、誰もが恩恵を受けることができる。

感染症との闘い

しかし、古代から続く感染症の蔓延（まんえん）との闘いは、まだまだ先が長い。私がこれを書いている二〇二〇年の春の時点で、コロナウイルスのパンデミックが世界中を混乱に陥れている。このCOVID-19というコロナウイルスによって引き起こされる疾患のように、多くのウイルス感染は、病床に伏すことを余儀なくされたり、死を招く可能性すらある。

二〇一四年から二〇一五年にかけて西アフリカで猛威をふるったエボラウイルスは、

有効なワクチンの迅速な開発を促したが、こうした治療介入は、それを必要とする人々に適切な時期に届いて初めて役に立つ。裕福な国でも貧しい国でも、まだまだ多くの人たちが、確立した治療を受ける充分な機会を与えられていない。一部の先進国の政治家が、科学者や専門家の助言を無視して、このような疫病やパンデミックへの対策を弱めてしまったことに驚きを禁じえない。

こうした職務怠慢は、すでに深刻な結果を招いている。これを糺(ただ)すことが人類にとっての喫緊の課題だ。

よい医療体制が整った社会で暮らしているわれわれは運がいい。私がイギリスの国民保健サービスで受けた心臓手術のように、患者の支払い能力に関係なく、手術する時点でタダで受けられる医療は、文明社会の証(あかし)だ。「利用時払い」の医療制度は、最貧層を不当に苦しめるし、リスク細分型の保険制度は、最も治療を必要とする人々を不当に苦しめる。

その上、充分な証拠もないのに、ワクチンの安全性や効果を意図的に批判する人々もいる。臨床的に承認された実証済みのワクチンを拒否するのは、倫理的な問題であることを肝に銘ずるべきだ。そういう人たちは、自分と家族の安全を脅かすだけでなく、集団免疫を混乱させ、感染症を広がりやすくし、周りの多くの人々をも危険にさらしてしまう。

しかし、感染症との戦いは、われわれが決して完全には勝利することのない戦いでもある。それは自然淘汰による進化が原因だ。細菌とウイルスの大半は、急速に増殖し、遺伝子も迅速に順応する。

つまり、新しい病気の株がいつ出現してもおかしくないのだ。細菌やウイルスは、われわれの免疫系や薬剤を潜り抜け、騙すための巧妙な方法を絶えず進化させている。だから、薬剤耐性の増加がこれほどの脅威なのだ。これは現在進行形の自然淘汰であり、しかも、憂慮すべき結果をともない、われわれの目前で繰り広げられている。完全に全滅させることなく、細菌を抗生物質にさらすと、細菌が耐性を持つ可能性が高まる。

だから、正しい用量の抗生物質を、本当に必要なときだけ摂取し、医者から指示されたとおり、最後まで飲み切ることが大切だ。そうしないと、自分自身のみならず、大勢の健康をも危険にさらしてしまう。これと同じくらい、あるいはそれ以上に危険なのが、家畜を早く育てるために、低用量の抗生物質を点滴注射する畜産システムだ。

われわれは今、あらゆる抗生物質に耐性を持つ細菌株の出現を目の当たりにしている。それらが引き起こす病気は治療が不可能になってきている。耐性菌は、薬の効き目を過去のものにして、何百万人もの命を危険にさらすかもしれない。

あなたやあなたの家族が、バラのトゲで引っ掻き傷を作ったり、犬に噛まれたり、単に病院に行っただけで、治療不可能な感染症に襲われる。そんな世界を想像してみたまえ。だが、われわれはこの脅威を運命として諦めるべきではない。まず、問題を特定することが、驚異から逃れるための大切な一歩だ。

われわれは、現在手にしている抗生物質をもっと注意深く使用できるし、そうしなくてはいけない。薬剤耐性菌感染症を検出し、追跡する方法も考えるべきだ。そして、研究者を充分にサポートし、強力かつ新しい抗生物質薬を開発すべきだ。われわれは、生命に関するあらゆる知識を総動員して、この問題を解決しなければならない。われわれの未来がかかっているのだから。

がんの新しい治療法

医療体制が改善し、感染症による脅威が徐々に押し返されてゆくにつれ、平均寿命は、ゆっくりと着実に上向いてきた。しかし、人々が長生きするのにともない、われわれは、心臓病、糖尿病、さまざまな心の健康状態、がんなどを含む、多くの不快な非感染症の病気に直面することとなった。こうした病気の根本的原因は、加齢と不健康なライフスタイルにある。こうした病気は世界的に増加しており、患者と（病気を理解して治療したいと願う）科学者にとって、大きな課題となっている。

がんを見てみよう。がんは実際には一つの病気ではない。がんはそれぞれ異なり、一つひとつの発生率は時間とともに変化する。そのため、さまざまな種類のがん細胞があり、それぞれが異なる遺伝子変異を含んでいる。この点において、進行したがんは、生態系に少し似ている。ここでもまた、自然淘汰による進化が作用している。

がんは、細胞が新しい突然変異を起こし、無制御のまま分裂と成長を始めたものだ。がんが蔓延る（はびこ）のは、選択的優位性を備えているからだ。がんは身体の資源を独占し、周りの変異していない細胞よりも速く成長し、身体からの「中止命令」を無視する。

がん治療の最も有望なアプローチのいくつかは、生命の理解向上によってもたらされた。たとえば、免疫療法は、身体の免疫系にがん細胞を認識させて攻撃をうながす。これは賢いアプローチだ。なぜなら、免疫系は近隣の健康な細胞は無視しつつ、がん細胞だけを正確に攻撃することができるからだ。

私と同僚たちが始めた、ちっぽけな酵母の細胞周期についての研究からも、新しい治療法が生まれている。現在、人間のＣＤＫ細胞周期制御タンパク質に結合し、不活性化する薬が、乳がんの女性の治療に使われている。

四〇年前、酵母の細胞の研究が、新しいがん治療に直結するなどとは、思ってもみなかった。がんは、細胞が適応して進化する能力の結果なので、完全に撲滅することはできないだろう。だが、生命への理解が深まるにつれ、早期にがんを発見し、効率的に治療できるようになってきている。がんが、現在のような、恐怖心を掻き立てるものではなくなる日が来ることを、私は確信している。

がんや他の非感染性疾患を退治する取り組みを加速させたいなら、われわれの遺伝子情報を解読することが重要な鍵になる。二〇〇三年に、人間のゲノム解析結果が初めて公表されたとき、それは未来の予防医学の新たな扉を開けた。

この仕事に関わった研究者たちは、すべての人の遺伝子的リスク因子が、生活様式や食生活とどのように影響しあうかも予測可能となると考えた。みな、「生まれた瞬間に正確に未来が計算できる世界」が到来するのではないかと心を踊らせた。だが、この目標を実現するのは、科学的にも倫理的にも険しい道のりだ。

生命はとにかく複雑すぎる。メンデルが自分の庭で観察したエンドウ豆の苗木みたいに、明確で分かりやすい特性を示す人間の特質なんてほとんどない。たった一つの遺伝子の欠陥という理由で引き起こされる病気に、ハンチントン病、囊胞性線維症、血友病などがある。これらの病気は、大きな苦痛と痛みをもたらすが、罹るのは比較的少数の人だ。

一方、心臓病、がん、アルツハイマー病などの、もっと一般的な病気や疾患は、多くの要因によって引き起こされる。こうした病気は、たくさんの遺伝子の影響が複合的に組み合わさって起きる。複雑で予測が難しい方法で、遺伝子が、他の遺伝子や、われわれが生きている環境と相互作用して病気が進行する。われわれは、先天的および後天的な因果関係が絡みあった、入り組んだ鎖を解き始めているが、じわじわと前進するしかない。

これは生命を「情報として」理解することが前面に出てくる分野だ。研究者は現在、膨大な量のデータを収集している。その中には、何千万人もの人々から集めた、遺伝子配列、生活様式の情報、診療記録も含まれている。しかし、こうした大量のデータの「意味」を理解するのは難しい。遺伝子と環境との相互作用は複雑すぎて、研究者たちは、機械学習などの新しいアプローチを含め、現在利用できる技術の限界に挑みながら研究している。

有益な知見も生まれている。今では、遺伝子解析を用いて、たとえば心臓疾患に罹ったり、肥満になったりする危険が高い人を特定することが可能だ。こうした手法は、一人ひとりに合わせたライフスタイルや薬物療法のアドバイスをするために利用できる。よい進展だが、ゲノムから正確に未来を予測する能力が上がるにつれ、この知識をどのように活用するのが最善かを真剣に考える必要が出てきた。

遺伝子編集の未来

健康障害の正確な遺伝予測は、（アメリカのように）民間の健康保険で成り立っている医療体制に問題を引き起こす。遺伝子情報の利用法について、厳重な取り決めがない場合、本人にはなんら過失がないのに、保険に加入できず、治療を拒まれ、負担しきれない高額保険料を課されかねない。診療を受ける時点で治療費が無料の（日本やイギリスのような）国民皆保険制度では、そうした問題は起きない。国民皆保険のもとでは、病気を予測して診断して治療するために、事前に遺伝子的な情報を利用できる。

とはいえ、このような知識は諸刃の剣だ。遺伝子科学が進歩して、あなたがいつ、どのようにして死ぬ可能性があるかを、かなり正確に予測できるようになったとして、あなたはそれを知りたいだろうか？

さらに、知能や学業成績など、医療とは関係ない要因に影響する遺伝因子を解読する問題もある。個人、性別、人種間での遺伝的な差異について、多くのことを学べば学ぶほど、こうした知見が絶対に差別の根拠に利用されないよう気をつける必要がある。

ゲノムを解読する能力と並行して、それを編集して書き換える能力も向上している。CRISPR-Cas9（クリスパー・キャス・ナイン）と呼ばれる酵素は「分子を切るハサミ」のように機能する強力なツールだ。科学者は、遺伝子配列を加えたり、削除したり、順序を変えたりするために、この酵素を使い、非常に正確にDNAを切ることができる。これがいわゆる、遺伝子編集または「ゲノム編集」と呼ばれるものだ。

生物学者は一九八〇年ごろから、酵母のような単純な生き物のゲノムを編集してきた。私が分裂酵母を研究対象にしてきた理由の一つでもある。しかし、クリスパー・キャス・ナインは、DNA配列を編集するスピードと精度と効率を大幅に向上させた。人間を含め、さらに多くの種の遺伝子を格段に編集しやすくしたのだ。

じきに、遺伝子編集した細胞に基づく、新たな治療が出てくるだろう。研究者はすでに、たとえば、HIVなどの特定の感染症に耐性がある細胞を作ったり、それを利用してがんを攻撃したりしている。

しかし当面は、初期の人間の胚細胞のDNAを編集しようとする試みは無謀だ。生まれてくる赤ちゃんだけでなく、その子孫の細胞の遺伝子も変化させてしまうからだ。目下のところ、遺伝子に基づく治療には、意図せず遺伝子を変えてしまう危険がある。

お目当ての遺伝子だけを編集したつもりでも、その遺伝子変異によって、予測が難しく、潜在的な危険をはらんだ、副次的影響が引き起こされるかもしれない。

われわれはまだ、絶対的な自信を持つほどには、自分たちのゲノムについて理解していない。この手段が安全だと見なされ、ハンチントン病や嚢胞性線維症のような、特定の遺伝的疾患の家系の人たちを病から解放する日がおとずれるかもしれない。

しかし、高い知能指数や、絶世の美貌や、高い運動能力を持つ赤ちゃんを作り出すためなど、皮相的な目的でゲノム編集を利用したいとなれば、話はまったく別だ。生物学を人間の生命に適用する場合の、今日の倫理的な問題の中で、最も議論の余地がある領域だと思う。今のところ、ゲノムを編集してデザイナーベビーを作るという話は、絵空事にすぎない。

iPS細胞の可能性

だが、これから親になる人たちの多くは、いずれ、この問題に直面するだろう。今後、数年から数十年のあいだに、遺伝の影響を予測したり、遺伝子を組み換えたり、人間の胚と細胞を操作する、より強力な能力を科学者が身に付けるからだ。このような問題は、社会全体で、今すぐ議論する必要がある。

生命のもう一方の側では、細胞生物学の進歩と発達により、変性疾患の治療法がもたらされている。幹細胞を例に取ろう。幹細胞は、身体が保持している未成熟な細胞で、初期の胚にある細胞に似ている。

幹細胞の要となる特性は、繰り返し分裂して新しい細胞を作る能力と、その新しい細胞がより分化する能力を持っていることにある。成長する胎児や赤ちゃんは、絶え間なく新しい細胞が必要なため、大量の幹細胞を持っている。幹細胞はまた、身体の成長が止まってからかなりたっても、成人の身体のさまざまな部位に存在する。

あなたの身体の細胞は、毎日、何百万も死んだり脱落したりする。だから、あなたの皮膚、筋肉、胃腸の内膜、目の角膜縁、その他多くの組織は、幹細胞の集団を含んでいる。

近年、科学者は、幹細胞を分離・培養し、神経細胞、肝細胞、筋肉細胞など、特定の種類の細胞にする方法を編み出した。今では、患者の皮膚から完全に成熟した細胞を採り、発達の時計を巻き戻して、幹細胞の状態に戻るように処理することが可能だ(日本の山中伸弥教授が発見したiPS細胞)。

いつの日か、頬の内側から検体を採取して、その細胞を使い、身体のほとんどすべての細胞を作り出すことができるようになるだろう。ワクワクするような可能性だ。科学者と医師がiPS細胞の技術を完璧に習得し、その安全性を立証することができれば、変性疾患やケガの治療や、移植手術に革命をもたらすだろう。パーキンソン病や筋ジストロフィーのように、今のところ治療不可能な、神経系と筋肉の病状を回復させることも可能かもしれない。

このような進展のせいで、シリコンバレーを拠点とする企業を中心に、「近い将来、老化を止めたり、若返らせたりすることが可能になるぞ」という、大胆な予測がなされている。でも、こうした主張は、現実に根ざす必要がある。

個人的には、自分が最期を迎えるとき、脳や身体を凍結保存しようとは思わない。自分が生き返り、若返り、永久に生き続けるなんて、想像できない。老化は、身体の細胞や臓器系の、複合的な損傷、死、あらかじめプログラムされた活動停止による、最終的な結果だ。

健康な人であっても、皮膚の弾力がなくなり、筋肉は落ち、免疫系の反応が悪くなり、心臓の力が徐々に弱まる。これらは、原因が一つでないため、単純明快な解決策はない。しかし私は、数十年後には、平均寿命がゆっくりと上昇し、（これは重要なことだが）高齢者の生活の質も向上すると確信している。

われわれは永久に生きることはない。だが、幹細胞や新薬や遺伝子治療を組み合わせた、これまで以上に改良された治療により、誰でも、年老いて病んだ身体を蘇らせ、再生できるようになる。ただし、健康的なライフスタイルの実践もお忘れなく！

人口増に伴う問題

生物学の知識の応用により、われわれは傷んだ身体を修復する革命的な力を手にしただけでなく、人類の繁栄へとつながった。紀元前一万年ごろから、われわれの祖先が農業を始めたのにともない、世界の人口が増え始めた。当時、われわれ人類の祖先は、動物を飼いならし、植物を品種化するため、知らず知らずのうちに「人為淘汰」の原則を適用していたのだ。その見返りは、はるかに大量で安定した食糧供給だった。

この有史以前の急上昇と比べても、世界の人口は、私が生きているあいだに飛躍的に伸びた。一九四九年に私が生まれてから三倍近くにもなった。つまり、五〇億人近く増えた人々を、ほぼ同じ面積の農耕地で生産した食べ物で、毎日養わなければいけないということだ。

これを可能にした鍵は、一九五〇年代から六〇年代に始まった「緑の革命」だった。この革命には、灌漑(かんがい)、肥料、害虫駆除方法の整備、そして最も重要な点として、主食作物の新種開発が含まれていた。それまでの育種家とは対照的に、科学者たちは、新種の植物を作り出すために、遺伝学、生化学、植物学などのあらゆる知識を総動員することができた。これは驚くほど成功し、収穫高が大幅に上がった、新しい作物が作り出されていった。

それでも、この活動でまったく代償がなかったわけではない。今日の集約農業のやり方の中には、土壌や、農家の暮らしや、作物と環境をともにしている他の種に、ダメージを与えているものもある。そして、毎日、廃棄される食べ物の量は、解決すべき恥ずかしい事態だ。しかし、前世紀の、農業への大規模な生物学的知識の投入がなければ、毎年さらに何百万もの人々が飢えに苦しむことになっていただろう。

世界の人口は現在も増え続けている。それにともない、人間の活動が生物界に及ぼすダメージへの懸念が高まっている。将来のことを考えると、農地からもっと多くの食べ物を収穫しながら、一方で、環境への影響を減らしてゆくという、複雑で厳しい問題に直面する。前世紀の農業革命を推し進めた手法の枠を超え、食料を生産する、より効率的で創造的な方法を編み出す必要がある。

残念ながら、一九九〇年代以降、改良された特性を持つ、遺伝子組み換え植物や家畜を開発する試みは、さまざまな妨害に遭ってきた。多くの場合、科学的な証拠や理解とほとんど関係なく、遺伝子組み換え食品の安全性に関する議論が、誤解や、見当違いのロビー活動や、ガセ情報の拡散により、幾度となく妨げられるのを私は目撃してきた。

ゴールデンライスを例に取ってみよう。ゴールデンライスは、稲の遺伝子の染色体の一つに細菌遺伝子を組み込む遺伝子操作を行い、大量のビタミンAを生成するようにした品種だ。世界中には、失明や死を招く重大な原因となる、ビタミンAが不足した未就学児が、推定で二億五〇〇〇万人もいる。ゴールデンライスは、この悲劇をなくす、直接的な手段となる。

ところが、環境運動家や非政府組織（ＮＧＯ）から、繰り返し非難され、安全性と環境への影響を検査するために作られた試験現場が破壊される始末だ。

世界で最も貧しい人々が、健康と食糧を手に入れられるというのに、それを阻止するなんて、許されることだろうか？　しかも、その妨害は、健全な科学的裏づけに乏しく、単なる流行や事実誤認によってなされるのだ。遺伝子組み換えを利用して作られた食料に、本質的な危険性や毒性は何もない。

本当に重要なのは、それがどのようにして作られたかではない。すべての植物と家畜に対して等しく、その安全性、効率、環境と経済への予測される影響について、検査が行われるべきなのだ。

われわれは、企業の商業的な利益や、ＮＧＯのイデオロギー的な意見、さらには両者の金銭面の関心のいずれによっても歪められない、リスクと効果を見極める科学の声に耳を傾ける必要がある。

「合成生物学」のインパクト

今後一〇年で、遺伝子工学的手法を利用する必要性がさらに出てくると私は思う。「合成生物学」として知られる、比較的新しい科学分野のインパクトは大きい。合成生物学者は、遺伝子工学がこれまで用いていた、的を絞り、少しずつ進歩するやり方ではなく、生き物の遺伝子プログラムを根本から書き換えようとしている。

ここに立ちはだかる技術的なハードルは高く、そうした新しい種をどのように制御し、環境に流出させないか、という問題もある。しかし、実現した際の見返りは膨大だ。生命の化学的性質は、人間が実験室や工場で行ってきたような化学プロセスよりも、はるかに適応性があり効率的だからだ。

遺伝子組み換えと合成生物学により、生命の輝きを再編成し、別の目的に向かわせることができる。合成生物学を使って栄養の強化された作物や家畜を作り出すことは可能なはずだが、それよりも、もっと幅広い応用も考えられる。再設計された動植物や微生物を作り出して、そこからまったく新しいタイプの薬剤、燃料、生地、建築材料を生産しているわれわれの姿が目に浮かぶ。

遺伝子工学的に操作された新たな生物システムは、気候変動を解決に導くかもしれない。科学者の大半は、地球温暖化が加速段階に入ったと考えている。これは、人類だけでなく、（人類もその一部である）生物圏への深刻な脅威だ。

差し迫る緊急課題は、われわれが発生させている温室効果ガスの量を削減し、温暖化の広がりを縮小することだ。本来の状態よりも効率的に光合成をする植物を再設計したり、生体細胞という枠を超え、それを工業規模で活かすことができれば、カーボンニュートラルな生物燃料や工業用の材料を作ることが可能だ。

科学者は、頻繁に干ばつに襲われたりして、それまで開墾されたことがなかった、劣化した土壌や地域など、いわゆる耕作限界の環境で繁茂できる新種の植物も、遺伝操作で作ることができる。そうした植物は、世界中の人々に食物を供給するだけでなく、二酸化炭素を引き下げて、気候変動に対処するためにも利用できる。

また、持続可能な方法で稼働する「生きた工場」の基礎とすることもできる。化石燃料に依存する代わりに、廃棄物や副産物や太陽光から効率的にエネルギーを得る生物システムも作り出せるかもしれない。

こうした遺伝子工学による生命体と並行して、もう一つの目標は、自然に光合成をする生き物が地表に占める総面積を増やすことだ。これは見かけほど単純な提案ではない。大きな効果を得るためには、大規模に実施する必要があり、さらに、植物が枯れたり収穫された際の、長期にわたる炭素貯蔵の問題も検討する必要がある。これには、森林を増やしたり、海での藻や海草の培養や、泥炭湿原の形成を促すことも関わってくる。

しかし、こうした介入を迅速かつ効率よく行うことで、生態動力学に関するわれわれの理解は、限界まで広がってゆくだろう。現在、広い範囲で進行中の、ほとんど説明がつかない昆虫の数の減少の謎も、解明されるかもしれない。われわれの未来は、昆虫と切っても切れない縁がある。昆虫は、多くの食用作物を授粉させたり、土壌を作ったり、その他多くのことをしているのだから。

こうした応用が発展するためには、生命の仕組みについて、さらに深く理解する必要がある。分子生物学者、細胞生物学者、遺伝学者、植物学者、動物学者、生態学者、その他、あらゆる領域の生物学者が一丸となって働く必要がある。

人類の文明が、生物圏の他の生き物たちを犠牲にすることがあってはならない。これを成功させるためには、自分たちが「いかに何も知らないか」を直視する必要がある。われわれは、生命の働きへの理解を大きく進歩させてきた。だが、現在の理解は部分的で不完全だ。われわれの野心的で実用的な目標を達成するために、生物系に建設的かつ安全に干渉することを望むなら、まだまだ学ぶべきことがたくさんある。

新しい応用にとりかかる場合、生命の働きのさらなる基礎理解と手を取りあって、前進すべきだ。ノーベル賞を受賞した化学者のジョージ・ポーターは、かつてこう警鐘を鳴らした。「応用科学を養うために基礎科学を飢えさせることは、建物をもっと高くするために建物の基礎を節約するのと似ている。大建造物が崩れ落ちるのは時間の問題だ」。

しかし、科学者の側だって、好きなことだけやって胡座（あぐら）をかいていてはいけない。役に立つ応用は、可能な限り実現すべきだと、肝に銘ずる必要がある。自分の知識を公共の利益のために使う好機が巡ってきたら、科学者は、それをなすべきなのだ。

生命を理解して世界を変える

だが、これは別の疑問とさらなる問題を生じさせる。何をもって「公共の利益」とするか、意見は一致するだろうか？　新しいがんの治療がきわめて高額な場合、治療を受ける優先順位はどうやって決めるのか？　充分な証拠なしにワクチン拒否を推奨したり、抗生物質を誤用したりすることは、犯罪行為なのか？　個人の遺伝子に強い影響を受けて起きた犯罪を罰するのは正しいのか？　生殖細胞遺伝子の編集で、ハンチントン病の家系の人々を病から解放できるとしたら、彼らにはゲノム編集を自由に選ぶ権利があるだろうか？　成人のクローンを作ることは、いつか許されるようになるのか？

そして、気候変動への取り組みが、何十億もの「遺伝子組み換え藻」を海に植え付けることを意味する場合、実行すべきだろうか？

これらは、生命について深まりゆく理解により、われわれが自問自答すべき、差し迫った、多くの場合、きわめて個人的な疑問の一握りにすぎない。納得のいく答えを見つける唯一の方法は、開かれた本音の議論を続けることだ。

科学者はこのような議論で特別な役割を果たす。前進する度に、恩恵と危険性と起こりうる障害をはっきり説明しなければいけないのは科学者なのだから。

しかし、議論の主導権を握るのは社会全体であるべきだ。政治指導者たちも、全面的にこうした問題に関与すべきだ。今のところ、科学技術がわれわれの生活や経済に与える多大な影響に、充分に気づいている政治指導者はほとんどいない。

だが、政治の出番は、科学より「後」であって「前」ではない。この順番が逆になったとき、どれだけ悲惨なことになるか、世界は幾度となく目撃してきた。

冷戦中、ソビエト連邦は原子爆弾を作り、初めて人類を宇宙に送った。しかし、遺伝学と作物の改良は、思想的な理由によって深刻な被害を受けた。スターリンは、メンデル遺伝学を否定するペテン師ルイセンコの説を信望した。その結果、人々は飢えに苦しむこととなった。

最近では、科学的な理解を無視したり、積極的に攻撃したりする気候変動「否定」論者たちが、対応の遅れをもたらすのを、われわれは目のあたりにしてきた。公共の利益に関する議論は、知識と証拠と合理的な思考によって牽引されるべきで、イデオロギーや根拠のない信念や欲や過激な政治思想によってではない。

科学の価値自体に議論の余地がないことは確かだ。世界は科学と、それが提供する進歩を必要としている。自我を持ち、独創性があり、好奇心にかられて行動する人類であるわれわれは、生命についての理解を利用して世界を変えられる、またとないチャンスを手にしているのだ。

人生をもっと良いものにするために、自分たちにできることをするかどうかは、われわれ次第だ。それは、われわれの家族や地域社会のためだけでなく、来たるべきすべての世代のため、そして、（われわれが切っても切り離せない一部である）生態系のためでもある。

われわれを取り巻く生き物の世界は、尽きることのない驚きを人間にもたらす源であり、われわれの存在そのものを支えてくれている。

生命とは何か？

とてつもなく大きな問い

この章の題は、とてつもなく大きな問いだ。私が学校の授業で得た答えは「ミセス・グレン」（MRS GREN）だった。生物が示す、運動（Movement）、呼吸（Respiration）、感覚（Sensitivity）、成長（Growth）、生殖（Reproduction）、排泄（Excretion）、栄養摂取（Nutrition）の頭文字の語呂だ。

生物の「行為」をすっきり要約しているが、生命とは「何か」について、満足のゆく説明にはなっていない。私は別のアプローチを試みたい。ここまで見てきた、生物学の五つの素晴らしい考え方のステップを元に、生命の意味を定義するための「基本原理」を導き出す。

この基本原理により、生命がどのように働き、どのようにして始まったか、そして、地球のあらゆる生命を結びつけている関係性について、深いヒントが得られるだろう。

これまでも、多くの人々が、この問いの答えを模索してきた。エルヴィン・シュレディンガーは、先見の明がある著書『生命とは何か』（原題：What is Life?、一九四四年刊）で、遺伝的形質と情報を強調した。彼は生命は「暗号で書かれている」と提案した。

これはＤＮＡに記されていることが現在では分かっている。しかし、シュレディンガーは、ほとんど生気論もどきの意見で本を終わらせた。生命の働きを本当に説明するには、未知の物理法則が必要かもしれないと、主張したのだ。

数年後、イギリス人で後にインド国籍も取得した、急進的な生物学者Ｊ・Ｂ・Ｓ・ホールデンが、同じく『人間とはなにか』（原題：What is Life?）と題した著書で「私はこの問いに答えるつもりはない。実のところ、完全な答えが出せるかどうかさえ疑問だ」と断言している。

彼は生きている感じを、「色が見える」や「痛い」や「努力している」といった感覚になぞらえ、「他の何かに言い変えて説明することはできない」とした。私はホールデンの意見に共感するが、この意見はどことなく、米連邦最高裁判所判事ポッター・スチュワートが一九六四年にポルノを定義した際の「それは見れば分かる」という言葉を思い起こさせる。

だが、ノーベル賞受賞者の遺伝学者ハーマン・マラーに躊躇(ためら)いはなかった。一九六六年、彼は「進化する能力を有するもの」が生物だとする「ギリギリまで削ぎ落とした」定義をくだした。マラーは、生命とは何かを考えるうえで、自然淘汰による進化という、ダーウィンの偉大な考えが中核にあることを正確に見抜いていた。それは、超自然的な創造主を引き合いに出すことなしに、多様で、秩序立って、目的を持った生き物を作り出せるメカニズムだ。実際のところ、われわれが知っている唯一のメカニズムなのだ。

私が生命の定義に使う最初の原理が、この自然淘汰を通じて進化する能力だ。自然淘汰の章で書いたように、これは三つの本質的な特性に依存している。進化するために、生き物は「生殖」し、「遺伝システム」を備え、その遺伝システムが「変動」する必要がある。この三つの特性を持っているものは、進化できるし、実際に進化する。

二つ目の原理は、生命体が「境界」を持つ、物理的な存在であること。生命体は周りの環境から切り離されながらも、その環境とコミュニケーションを取っている。この原理は、生命に特有の性質をはっきりと示しているいちばん単純なもの、すなわち、細胞から導き出される。

この原理は、生命の物質性を必要とするため、コンピューターのプログラムや文化的な活動などは、進化しているように見えたとしても、生命からは除外される。

三つ目の原理は「生き物は化学的、物理的、情報的な機械である」ということ。自らの代謝を構築し、その代謝を利用して自らを維持し、成長し、再生する機械なのだ。このような生きた機械は、情報を操ることによって、協調的に制御される。その結果、生き物は、目的を持った総体として機能するのだ。

この三つの原理が合わさって初めて生命は定義される。この三つすべてに従って機能する存在は、生きていると見なすことができる。

エレガントな解決策

生きている機械はどのように働くのか。その真価を理解するには、生命を支える、尋常ならざる化学の形態を深く理解する必要がある。この化学構造は、主に炭素原子がつながった、高分子の周りに構築されているのが大きな特徴だ。DNAもそのうちの一つである。

その主な目的は、高い信頼性で、長期にわたり、情報を保存すること。この目的のために、情報を保持している決定的な要素であるヌクレオチド塩基は「らせん中心部」に遮蔽されている。これは情報を安定的に守る仕組みだ。

あまりにも強固に守られているため、古代のDNAを研究している科学者は、遠い昔に死んだ生き物から得たDNA配列を決定できる。なかには、永久凍土で一〇〇万年近くも氷漬けになっていた馬のDNAもある！

しかし、遺伝子のＤＮＡ配列に保存された情報は、不活性のまま、じっと息を潜めているわけにはいかない。生命を支える代謝活動を行ったり、身体構造を作ったりするため、行動を起こす必要がある。化学的に安定し、どちらかといえば面白みに欠けるＤＮＡが握っている情報を、化学的に活性化した分子、すなわちタンパク質に翻訳する必要がある。

タンパク質も炭素を元にした高分子だが、ＤＮＡとは対照的だ。タンパク質の化学的に変化可能な部分のほとんどは高分子の「外側」にある。つまり、この外側のパーツは、タンパク質の三次元形状に影響を与えつつ、世界と相互作用する。

そのおかげで、化学的な機械の構築、維持、再生など、多くの機能を実行することが可能になる。さらに、ＤＮＡと違って、タンパク質が損傷を受けたり破壊されたりした場合、細胞が新しいタンパク質分子を作って取り替えれば済む。

これ以上にエレガントな解決策は想像できない。線状に連なった炭素ポリマーの配置により、化学的に安定した情報記憶装置と多様性に富んだ化学的活性の両方を生み出すとは。生命の化学的特質のこのような側面は、実に単純で並外れていると思う。

生命が複雑な高分子化学と情報の「直線配列」とを結びつける方法は、説得力がありすぎる。この原理は、地球上の生命の中核をなすだけでなく、宇宙のどこかにいるかもしれない生命にとっても不可欠である可能性が高いと私は思う。

中間的なウイルス

われわれやその他すべての既知の生命体は、炭素ポリマーに依存している。だが、生命について考える際、われわれが地球上の生命しか知らないからといって、その化学的性質に縛られるべきではない。宇宙のどこかに、炭素を別の用途で利用している生命、あるいは、まったく炭素でできていない生命がいることは想像に難くない。

たとえば、イギリスの化学者で分子生物学者でもあるグラハム・ケアンズ＝スミスは、一九六〇年代に、自己複製する結晶性粘土の粒子でできた原始生命を提案している。

ケアンズ＝スミスが想像した粘土粒子はシリコンからできていた。ＳＦ作家が別世界の生命体を想像するときに、好んで選ぶ素材だ。炭素と同じように、シリコン原子は化学結合の手を四本持っており、高分子になることが分かっている。これがシリコン製のシーリング材、接着剤、潤滑油、台所用品のもとだ。

原理上は、シリコンポリマーは、大きくて多様性があるので、生物学的情報を搭載できる。しかし、地球上には炭素よりもシリコンの方がずっと多いにもかかわらず、地球上の生命は炭素に基づいている。地表の条件下では、シリコンは、炭素ほど容易に他の原子と化学結合しないため、生命にとって充分な化学的多様性をまかなえないことが原因かもしれない。

しかし、シリコンを拠り所とする生命、さらに想像をたくましくするなら、他の化学構造に基づいた生命が、宇宙のどこかのさまざまな状況下で繁栄しているかもしれない。そういった可能性を排除するのは愚かなことだ。

生命とは何かを考えるとき、われわれは、生命と非生命をはっきりと線引きしがちだ。細胞は明らかに生きているし、細胞の集まりでできたすべての生き物も生きている。しかし、もっと中間的な立場の「生きているような形態」も存在する。

ウイルスがその典型だ。ウイルスは、DNAもしくはRNAを基にしたゲノムを持つ、化学的存在だ。そのゲノムには、ウイルスを密閉するタンパク膜を作るための遺伝子が含まれている。ウイルスは自然淘汰によって進化できるので、マラーの定義は通るが、生命と言っていいかどうかは分からない。ウイルスは厳密に言うと自己増殖できないからだ。

ウイルスが繁殖する唯一の方法は、生き物の細胞に感染して、感染した細胞の代謝を乗っ取ることなのだ。

あなたが風邪を引くと、ウイルスが鼻の内側の細胞に侵入し、鼻の細胞の酵素と原材料を使って、ウイルスの再生を繰り返す。あまりにも多くのウイルスが作り出されるため、あなたの鼻の感染細胞は破裂してしまい、何千もの風邪のウイルスを放出する。

放出されたウイルスは、近くの細胞に感染し、血流に入り、あらゆる場所の細胞を感染させる。これは、ウイルスが自らを永続させるためのきわめて効率的な戦略だが、宿主の細胞環境と独立して機能することができない手段でもある。言い換えれば、他の生命体に完全に依存しているのだ。ウイルスは、宿主の細胞の中で化学的に活性化して増殖中の「生きてるもの」と、細胞外で化学的に不活性なウイルスとして存在している「生きてないもの」を循環していると言ってもいい。

最も独立した生命体

他の生き物に完全に依存しているため、ウイルスが本当に生きているとは言えないと、結論づける生物学者もいる。だが、よくよく考えてみれば、われわれも含め、生命のほぼすべての形態が、他の生物に依存しているではないか。

あなたの慣れ親しんだ身体も、人と人以外の細胞が混ざりあってできた、一つの生態系だ。われわれのおよそ三〇兆個の細胞など、この生態系に占める数量からすれば微々たるものだ。われわれに依存したり、われわれの内側で生きている、多様な細菌、古細菌、真菌、単細胞真核生物などの共同構成員の数は天井知らずなのだから。

人によっては、いろいろな回虫や、皮膚の上に生息して毛包に卵を生む八本脚のダニなど、わりと大きな動物まで抱えている。こうした人間でない親密な仲間たちは、われわれの細胞と身体に大きく依存しているが、われわれの方も彼らに依存していることがある。たとえば、腸内細菌は、細胞が自分では作れない、特定のアミノ酸やビタミンを生成してくれる。

さらに、われわれが食べる一口ごとの食べ物は、他の生き物によって作り出されていることも、忘れてはならない。私が研究している酵母のような、微生物の多くは、他の生き物が作った分子に完全に依存している。たとえば、炭素と窒素を含む巨大分子を作るために必要なグルコースやアンモニアなどだ。

植物は、はるかに自立しているように見える。空気から二酸化炭素を、土からは水を吸い込み、太陽のエネルギーを利用して、炭素ポリマーなど、自分に必要な複雑な分子の多くを合成する。それでも、植物は、根やその周辺に存在している、大気中から窒素を捉える細菌に依存しているのだ。こうした細菌抜きでは、生命を支える巨大分子を作ることはできない。事実、それは、われわれが知る限り、真核生物が単独でできることではない。

つまり、完全にゼロから、自らの細胞の化学的構造を作り出すことができる動物や植物や菌類は、一つもいないのである。

おそらく、本当の意味で最も独立した生命体、つまり完全に独立して「自由気ままな生活をしている」と断言できるのは、一見するともっと原始的な感じのものだろう。たとえば、藍藻（らんそう）（シアノバクテリア）。シアノバクテリアは、光合成をして窒素を捕らえる。海底深くにある活火山の熱水噴出孔から、すべてのエネルギーと化学原料を得ている古細菌も同類だ。驚くべきことに、こうした比較的単純な生き物は、われわれよりも長期にわたって生き延びてきただけでなく、われわれより自立している。

異なる生命体同士の相互依存は、われわれの細胞の根本的な組成にも反映されている。われわれの身体が必要とするエネルギーを作り出すミトコンドリアは、かつてはまったく別個の細菌で、ＡＴＰ（アデノシン三リン酸）を作る能力を持っていた。

一五億年ほど前に起きた運命のいたずらで、このような細菌のいくつかが、別の種類の細胞の内側に仮住まいを始めた。時がたつにつれ、主(ぬし)である細胞は、「お客さん」の細菌が作ってくれるＡＴＰなしでは生きてゆけなくなり、ミトコンドリアは定住することになった。

ウィン・ウィンの関係だったと思われるが、これにより、真核生物の全種族の幕開けとなった。エネルギー供給が安定し、真核生物の細胞は、より大きく、複雑になることができた。このことが、次に、今日の動物や植物や菌類の豊富な多様性へとつながる進化を引き起こした。

生命の樹

このように、生き物には、全面的に他に依存するウイルスから、自給自足の生活を送るシアノバクテリアや古細菌や植物まで、境目のないグラデーションがある。こうした異なる形態はすべて生きている、と私は言いたい。すべての形態は、程度の差こそあれ、他の生き物に依存しつつ、自然淘汰で進化し、自らを律する物理的存在であることに変わりないからだ。

この広い視野に立って生命を眺めてみると、生物界に対する広々とした視界が開ける。地球上の生命は一つの生態系に属している。そこには、あらゆる生き物が組み込まれ、相互にあまねくつながっている。

このつながりは本質的なものだ。それは、相互依存の深さだけでなく、あらゆる生命が共通の進化のルーツを通して遺伝的に親戚であることによってもたらされる。

こうした深い関連性と相互のつながりという見方は、ずっと以前から生態学者が主張し続けてきたものだ。元をたどれば、一九世紀初めの探検家で博物学者アレクサンダー・フォン・フンボルトの考えに端を発している。

彼は「あらゆる生命は、全体がつながったクモの巣のようなもの」と主張した。思いがけないことかもしれないが、こうした相互のつながりこそが、生命の中核なのだ。だからこそ、人間の活動が他の生物界に与えてきた影響について、われわれは、立ち止まって、じっくり考えるべきなのだ。

生命が共有する家系図、生命の樹のたくさんの枝の生き物たちは、驚くほど多様だ。しかし、そんな「多様性」も、視点を変えれば、もっと本質的な「類似性」の前では光が失せる。化学的、物理的、および情報の機械として、その機能の基本的な細部は、みんな一緒だ。

たとえば、同じ小さなATP分子を「エネルギー貨幣」として利用し、同じく基本的なDNAとRNAとタンパク質のあいだをつなぐ関係に頼り、リボソームを使ってタンパク質を作る。フランシス・クリックは、DNAからRNA、そしてタンパク質への情報の流れが、生命にとって非常に根本的なものだと主張し、それを分子生物学の「セントラルドグマ」と呼んだ。それ以来、このルールに従わない、小さな例外を指摘した人もいたが、クリックの要点は依然として破られていない。

物語のはじまり

生命の化学的基礎におけるこうした深い共通性は、驚くべき結論を指し示している。なんと、今日地球上にある生命の始まりは「たった一回」だけだったのだ。もし異なる生命体が、それぞれ何回かにわたって別々に出現し、生き延びてきたとしたら、その全子孫が、これほどまで同じ基本機能で動いている可能性はきわめて低い。

あらゆる生命が、巨大な同じ生命の樹の一部だとすれば、その樹はどんな種類の種(たね)子(ね)から成長したのだろう？　どういうわけか、どこかで、はるか昔に、無生物の無秩序な化学物質が、より秩序だった形態に自分を配置した。自らを永続させ、自らをコピーし、最終的に自然淘汰によって進化するという、きわめて重要な能力を獲得したのだ。しかし、われわれも登場人物の一人である、この物語は、実際にはどのようにして始まったのだろう？

地球は四五億年ちょっと前、太陽系の黎明期に形成された。初めの五億年ほどは、この惑星の表面は熱すぎて不安定で、われわれが知るような生命は物理的、化学的に出現できなかった。

これまでに曖昧さを残さない形で特定された、最も古い生命体の化石は、三五億年前に生息していたものだ。生命が立ち上がって走り出すまで、数億年かかったわけだ。想像を絶する、悠久の時の広がりだが、地球上の生命の歴史から見れば、僅かな時間にすぎない。フランシス・クリックは、その時間内で、生命がこの地球で始まった可能性は非常に低いと考えた。

だから彼は、生命は宇宙のどこかで誕生し、（部分的にか完全に形成された状態かは別として）地球まで運ばれてきたにちがいないと示唆したのだ。しかし、彼は、生命がどのようにして慎ましい発端から始まったのか、という重要な疑問に答えるどころか、はぐらかしてしまっている。現在、われわれは、未だ検証できないにしても、この物語について信用できる説明をすることができる。

最も古い化石は、現在の細菌のいくつかに似ている。これは、その時点で生命がすでに、膜に包まれた細胞、DNAに基づく遺伝システム、タンパク質に基づく代謝作用などを備え、充分に確立されていたことを意味する。

しかし、どれが最初だったのだろう？　DNAに基づく遺伝子の複製、タンパク質をベースにした代謝作用、それとも包み込む膜組織だろうか？　現在の生体では、これらは、相互に依存するシステムを形成し、まとまって初めて機能する。DNAに基づく遺伝子は、酵素タンパク質の助けを借りることでのみ、自らを複製することができる。

しかし、酵素タンパク質は、DNAが保持する命令によってしか作ることができない。どうすれば片方ぬきで、もう片方を手に入れることができるのか？　さらに、遺伝子と代謝作用は、どちらも、必須の化学物質を集めたり、エネルギーを得たり、環境から自らを守るために、細胞の外膜に頼っている。

　ところが、現在、生きている細胞は、遺伝子と酵素を使って自分たちの精緻な細胞膜を形成するのだ。遺伝子とタンパク質と細胞膜。このきわめて重要な三位一体の一つが、どうやって単独で発生できたのか、想像がつかない。なにしろ、一つの要素を取り除いたら、システム全体があっという間にバラバラになってしまうのだから。

　細胞膜の形成を説明するのがいちばん簡単かもしれない。細胞分子を作り上げている脂質分子は、できたてほやほやの地球に存在していたと思われる材料や条件のもと、自然発生的な化学反応で形成されうることが分かっている。科学者が脂質を水に浸けると、それは思いがけないふるまいをする。膜で包まれた空洞の球体が自然にできるのだ。その大きさや形は、細菌細胞にきわめて近い。

どちらでもない！

膜で包まれた存在を形成したであろうメカニズムは分かった。だが、まだ、DNA遺伝子とタンパク質のどちらが先かという疑問が残っている。この「鶏が先か卵が先か」という問題に対して、科学者がこれまでのところ見つけた最善の解決策は、「そのどちらでもない」だった！　むしろ、DNAの化学的な親類であるRNAがいちばん先だったかもしれないのだ。

DNAと同じように、RNA分子も情報を記憶できる。RNA分子は、コピーされ、その複製プロセス中に生じるエラーで変動を取り入れることもできる。つまり、RNAは、進化できる遺伝分子として機能するのだ。

それは、今でも、RNAに基づくウイルスが行っていることだ。RNA分子の他の決定的な性質は、折りたたまり、複雑な三次元構造を形成し、酵素として機能することだ。ＲＮＡに基づく酵素は、酵素タンパク質ほど複雑ではなく、使い勝手もよくないが、特定の化学反応に触媒作用を及ぼすことができる。

たとえば、今日のリボソームの機能に不可欠な酵素のいくつかはＲＮＡからできている。この二つの特性が組み合わさり、遺伝子と酵素の両方として機能するＲＮＡ分子が生まれたのかもしれない。遺伝システムと原始的な代謝作用が一つの包みに収まったのだ。これが意味するのは、ＲＮＡに基づく、自立した、生きている機械だ。

ＲＮＡを基にした機械は、深海の熱水噴出孔の周りの岩の中で最初に形成されただろうと考える研究者もいる。岩にあいた細かい孔が、保護された環境を提供する一方、地殻から沸き起こる火山活動がエネルギーと化学原料の着実な流れを提供しただろう。

このような状況なら、（ＲＮＡ高分子を作るために必要な）ヌクレオチドが、単純な分子をかき集めて、ゼロから生成される可能性もある。最初に、岩に含まれる金属原子が化学触媒として働き、生体酵素の助けなしで反応を引き起こしたのかもしれない。

最終的に、何千年もの試行錯誤の末、生きて、自己保全し、自己複製する、ＲＮＡ

製機械が生まれた。そして、しばらくたってから、膜に包まれるようになったのだろう。それは生命の発祥における画期的な事件だったはずだ。最初の真の細胞の出現である。

私が今書いた筋書きはもっともらしいが、かなりの憶測でもあることを忘れないでほしい。最初の生命体は痕跡をまったく残していないため、生命の夜明けに何が起きたか、それどころか、地球自体が三五億年以上前に正確にどのような状態だったのかも、知ることは非常に難しい。

しかし、最初の細胞が首尾よくできてしまえば、次に何が起きたかは容易に想像がつく。まず、単細胞の微生物が世界中に広まり、徐々に海や陸や空に定着しただろう。次に、二〇億年ほど後に、もっと大きくて複雑な、（それでも、長い時間にわたって単細胞のままの）真核生物が加わった。多細胞の本当の真核生物があらわれるのはずっと後、さらに一〇億年ほどたってからだ。多細胞の生命が地球に存在しているのは、ここ六億年ほどで、生命の歴史から見れば、たった六分の一の期間にすぎない。

しかし、その六億年で、そびえ立つ森林、蟻が群がるコロニー、菌類による地下の巨大なネットワーク、アフリカのサバンナの哺乳類の群れ、ごく最近の現生人類も含め、われわれを取り巻く、大きくて目につく生命体のすべてが生まれた。

すべては、先が見えず道標（みちしるべ）もないにもかかわらず、非常に創造的な、自然淘汰による進化プロセスによって起きたのだ。しかし、生命の成功を考えるとき、進化的変化は、ある集団の中で生き残れず、子孫を残せなかった者たちがいて、初めて効果的に起きることを忘れてはならない。

並外れた「人間の脳」

生命は全体として、粘り強く、長続きし、適応力に優れている。だが、個々の生命体は、寿命が限られ、環境変化に適応する能力にも限界がある。自然淘汰の出番はそこだ。古い体制を一掃し、集団の中に、もっとふさわしい変異型が存在すれば、その新しい世代に道を譲る。どうやら、死があるからこそ生命があるらしい。

　この自然淘汰という無慈悲な選別プロセスは、多くの予期せぬものを作り出した。なかでも最も並外れたものの一つが人間の脳だ。われわれが知る限り、自らの存在に、われわれとまったく同じように「気づいて」いる生き物は他に見当たらない。われわれの自意識を持った心は、少なくともある部分、世界の変化に合わせて行動する自由裁量のために進化したに違いない。

　蝶や、おそらくその他すべての既知の生き物と違って、われわれはやりたいことをじっくり検討し、意図的に選ぶことができる。

　脳は他のすべての生物と同じ化学特性と物理特性に基づいている。しかし、どういうわけか、彼らと同じ、比較的単純な分子と物理化学的な力から、考え、議論し、想像し、創造し、苦しむ能力が生じたのだ。こうしたものすべてが、どのようにしてわれわれの脳の「ウェットな化学」から出現するのか。途方もなく困難な疑問の数々が生まれる。

われわれの神経系は、何十億もの神経細胞（ニューロン）が、何兆もの「シナプス」と呼ばれる結合を作る、恐ろしく複雑な相互作用に基づいている。複雑怪奇に入り組んで、常に変化し続ける、相互接続したニューロンのネットワークが、豊かな電気的情報の流れを伝達して処理することでシグナル伝達経路を確立する。

生物学ではよくあることだが、われわれはこうした事実の大部分を、線虫やハエやネズミなどの、より単純な「モデル」生物の研究から得ている。こうした神経系が、感覚器官を通じて周囲の環境の情報を集める方法について、かなり多くのことが分かっている。

研究者たちは、神経系を通じた視覚、聴覚、触覚、嗅覚、味覚の信号の動きを追跡した。さらには、記憶を形成したり、感情的な反応を生んだり、（筋肉を動かすなどの）出力動作を引き起こしたりする、ニューロン結合のいくつかをマッピングするなど、徹底的に調べ上げてきた。

これらはすべて重要な仕事だが、まだ始まりにすぎない。どのようにして、何十億ものニューロンの相互作用が組み合わさって、抽象的な思考や、自意識や、自由意志に見えるものを生み出しているか、われわれはまだほんの上っ面をなでているだけだ。

こうした疑問への満足のいく答えを出すには、おそらく二一世紀いっぱい、もしかするとそれ以上かかるかもしれない。そして、従来の自然科学の手段だけに頼っていては、そこにたどり着けないと私は思う。

われわれ生物学者は、もっと広く、心理学、哲学、人文科学からの知見を受け入れるべきだろう。コンピューター科学も役に立つ。現在の最も強力なＡＩコンピュータープログラムは、生命のニューラルネットワーク（神経回路網）が情報を扱う方法を、非常に単純化した形で模倣するように作られている。

人工のコンピューターシステムは、驚くほど高速にデータを処理しているが、抽象的、あるいは想像的な思考、自己認識、または意識に微かに似た兆候さえ示していない。こうした精神的なものが何を意味するのかを定義することすら、非常に難しい。こういった部分は、作家や詩人やアーティストが、助けてくれるだろう。

彼らは当事者として、創造的な考え方の根底にあるものを探り、感情の状態を明瞭に言いあらわし、「存在」が本当は何を意味するのかを掘り下げてくれるだろう。こうした現象を議論するにあたって、文系と理系のあいだに共通の言語、あるいは少なくともより強い知的なつながりがあった方が有利だ。

化学的かつ情報的なシステムとして進化したわれわれは、なぜ、どのようにして、自らの存在に気づくようになったのか。想像力と創造力がどのようにして発生したかを理解するために、われわれは想像力と創造力を総動員する必要がある。

われわれは、みな……

宇宙は想像を絶するほど広い。すべての時間と空間を見渡せば、意識を持つ生命体は言うまでもなく、生命がここ地球でだけ、たった一回しか花開いていない確率はきわめて低い。

われわれが、異星人の生命体と出会うことになるかどうかは別の問題だ。しかし、もし出会ったとしたら、彼らは、われわれと同じような仕組みで作られているはずだ。自然淘汰による進化によって、情報が暗号化された高分子の周りに築かれた、自律的で化学的かつ物理的な機械にちがいない。

われわれの惑星は、生命の存在がはっきり確認されている、たった一つの宇宙の一角だ。(われわれもその一部である)この地球上の生命は驚異に満ちている。生命は常にわれわれを驚かせるが、途方に暮れるほどの多様性にも関わらず、科学者はそれを理解しつつあり、その理解は、われわれの文化や文明の礎となっている。生命とは何かを理解し続けることで、人類の運命は、より良き方向に向かうだろう。

しかし、こうした知識はさらに推し進めることができる。われわれは、他のすべての生命と深い絆で結ばれている。この本で一緒に旅をしてくれた仲間たち、すなわち、這い回るカブトムシから、感染性の細菌、発酵している酵母、詮索好きなマウンテンゴリラ、ひらひらと飛ぶ蝶、そしてこの生物圏のすべてのメンバーにいたるまで。

われわれは、みな、生存競争を生き抜いた偉大な同志だ。細胞分裂という途切れのない鎖を遡り、最古の果てへと繋がる、計り知れないほど広大な、たった一つの家系の子孫たちなのだ。

おそらく、人間は、こうした深い絆を理解し、その意味に思いを馳せることができる、唯一の生命体だ。だから、われわれは、近縁も遠縁も含め、親戚たちがこんなふうに作り上げた、地球の生命に対して、特別な責任を負っている。われわれは、生命を慈しみ、生命の世話をしなければいけない。そして、そのために、われわれは生命を理解する必要があるのだ。

謝辞

この本に助言をくれた
デービッドとロージー・フィックリングに感謝。
私の研究室などの友人や同僚は、長年にわたり、
生命の本質について（意見が合わないこともあったが）
議論させてもらった。そして、この本の執筆を支え、
楽しく仕事をさせてくれたベン・マーティノーガに
心から御礼を言いたい。

訳者あとがき

ポール・ナースは生物学の世界における巨人である。二〇〇一年にノーベル生理学・医学賞も受賞している。でも、日本の一般読者には、もしかしたら馴染みが薄い人かもしれない。

ノーベル賞の公式サイトに英文でご本人が短い伝記を載せているので、その内容に沿って、ポール・ナースの人となりをご紹介しておこう。

本書の内容とも一部かぶるが、イギリスの片田舎ノーフォークで、ポール少年は伸び伸びと育った。小学校が家から遠く、長時間の通学の途中で寄り道をしながら、生き物（主に昆虫）に親しんだのだという。

父親は便利屋（家の修理などを請け負う仕事）と運転手をしていた。母親は料理人だった。階級制度が根強く残るイギリスではあるが、両親ともにポール少年をかわいがり、勉学の環境を整えてくれた。

一九三〇年代の大不況で一家はロンドン近郊に引っ越し、父親は缶詰工場で機械工として働き、母親は家事をしながらパートの清掃員をしていた。このころ、公園の樹木を観察していて、日向よりも日陰の葉っぱの方が大きいことに気づいたり、旧ソ連が打ち上げた人工衛星スプートニク二号（犬のライカが乗っていた）に驚いたりしたことが、小学校時代の想い出だそうだ。うーん、さすが、栴檀（せんだん）は双葉より芳（かんば）しといった幼少時代ですね。

中学高校は、テストが多く、裕福な家庭の子弟が多かったことで、あまり居心地がよくなかったらしいが、生物学のよい先生に巡り会い、山歩きや飛行機の操縦法を学び、生涯の趣味になったようだ。クラシック飛行機を自在に操って空を駆ける科学者って、なんだか素敵ですよね。

本書にもエピソードが登場するが、このころ、ポール・ナースは信心深いバプテスト派のキリスト教徒であることをやめてしまう。学校で進化論を学び、聖書の解釈に悩み、牧師に相談したけれど一蹴されたのだという。日本のような八百万（やおよろず）の神＝アニミズム、そこに仏教などが混在した多様な宗教風土と異なり、一神教の国では、科学を志す人間は、宗教を乗り越えて科学を「選ぶ」ことを迫られる。

その後、フランス語の試験で落第を繰り返したために、大学に入学できず、醸造所のラボで技官として働いた経験なども、ふりかえってみれば、建設的な道草であり、少年時代の通学路のようなものだったのだろう。

その後の人生については、とにかく「転職」が多いことがあげられる。もともと、一つの大学や研究機関にずっと居続けることは、欧米ではきわめて珍しい。あえて、居心地のよかったエジンバラ大学を去り、サセックス大学、さらには王立がん研究所、オックスフォード大学、ふたたび王立がん研究所といった具合だ。

繰り返しになるが、ポール・ナースは、典型的なイギリスの知識階級出身ではない。いわゆるオックスブリッジ型の裕福だったり貴族階級に属したりする人間ではないのだ。だから、オックスフォード時代について、ご本人は、控えめではあるが、大所帯の運営や資金の問題ばかりに時間を取られ、研究に集中できなくなったとぼやいている。そのせいか、あっさりとオックスフォード大学を去り、古巣の王立がん研究所に戻っている。学生生活と研究生活の大半をオックスブリッジ以外の場所で過ごしたという意味でも、彼がイギリスの科学サークル内で異端の存在であることがうかがえる。

妻アニーとの結婚生活は円満で、二人の娘がいて、それぞれ、テレビのプロデューサーと素粒子物理学者として活躍している。妻とは大学時代に知り合ったそうだが、妻の影響で、かつての科学少年・昆虫少年は、音楽、絵画といった芸術方面にも興味の範囲を広げていった。

さて、ここら辺でポール・ナースの半生から、肝心の科学業績に話題を切り替えよう。

本書のいたるところで語られているように、彼は「生殖」と細胞レベルの「分裂」を生命の本質と捉えており、そのメカニズムの解明に生涯をかけた。彼が*cdc2*と名づけた遺伝子の情報（＝コード）がタンパク質キナーゼという酵素を作る。この酵素は、サイクリンというタンパク質と一緒になって、細胞周期を進行させるのだ。

こうやって教科書風にまとめてしまうと味気ないが、分裂酵母という、ビールを作ってくれるちっちゃな生き物の細胞周期の仕組みが、人間も含めた「生き物」すべてに共通しているというのは、ほとんどありえないことのように思われる。

逆に、生き物が増える仕組みが、あらゆる生き物で同じだということから、本書の二四五ページでポール・ナースが述べているように、現在の地球上の生き物の誕生は、三五億年の歴史の中でたった一回だけ起きた奇跡であり、すべての生き物は、われわれと親戚関係にあることになる。

これほど壮大な物語はないだろう。

私はよく思うのだが、教科書風のまとめなんぞ、どうでもいい。大切なのは、こういった驚くべき発見をした本人による「生の物語」を読んだり聴いたりすることだ。

そこにこそ、科学という営みの本質が隠れている。

この壮大な物語こそが、若きポール少年が葛藤の末に捨てた聖書に代わるものであり、現時点における人類の知の到達点なのだ。ただし、ポール・ナースの立場は神の存在は証明できず、知ることが不可能だという不可知論であり、単純に神を否定しているわけではない（きわめて科学的な態度だと感じる）。

本書を翻訳していて感じたことを書きたいと思う。

驚いたのは、この本がポール・ナースにとって初めての「本」の出版だということ。これだけ科学的な実績があり、二〇〇一年にノーベル賞を受賞しているのだから、何冊も本を書いていても不思議ではないが、ロックフェラー大学学長、王立協会（ロイヤル・ソサエティ）会長といった要職で忙しく、一般向けの本を書く暇がなかったのかもしれない。

では、なぜ今、このような一般向け科学書を彼は書いたのか。

この本の随所で、彼は、現代社会の危機に言及している。新型コロナ禍において、おそらく母国イギリスと超大国アメリカの指導者が、科学を軽んじてしまったこともやんわりと揶揄している（名指しで批判しないところがイギリス紳士らしい）。

ワクチンの問題にしても、副反応があることは事実だが、人口の六割から七割が接種しない限り、新型コロナ禍は収束しない。それも数学的かつ医学的な事実だ。

私は文系だから科学なんぞ知らなくていい。私は経済人だから、私は政治家だから科学はいらない。そう考える人が多ければ、人類は、ウイルスとの戦いで劣勢に立たされてしまう。

新型コロナだけではない。人種やジェンダーで人を差別したり、地球温暖化を否定したり、科学を学ばないことによる弊害はきわめて大きい。

これは私の推論にすぎないが、ポール・ナースは、次の世代のため、人類が悲惨な状態に陥らないために、生涯で一冊の一般向け科学書を書いたのではないか。

この本はまさに、細胞周期の司会進行役を務めるタンパク質キナーゼと同様、新たな世代への橋渡しの役割を担っている。

私は数々の科学書を翻訳してきたが、これだけ心を打たれた本は、初めてだ。それほど、ポール・ナースという科学者の家族、友人、先輩、同僚、部下、人類、そして生き物への愛情を感じた。

この本の翻訳企画、編集から出版まで、ダイヤモンド社の田畑博文さんに終始お世話になった。また、粗訳を担当してくれた妹のさなみと生物学用語をチェックしてくれた丸山篤史さんに御礼を言いたい。

科学的な内容に関しては、何重にもチェックをしたが、最終的に残ってしまった誤りについては、すべて私の責任である。お気づきの点があればご一報いただきたい。重版の際に訂正させていただきます。

二〇二一年一月　裏横浜の寓居にて

竹内薫

著者略歴

ポール・ナース

Paul Nurse

遺伝学者、細胞生物学者。細胞周期研究での業績が評価され、2001年にノーベル生理学・医学賞を受賞。1949年英国生まれ。1970年バーミンガム大学を卒業後、1973年イースト・アングリア大学で博士課程修了。エジンバラ大学、サセックス大学、王立がん研究所（ICRF）主任研究員、オックスフォード大学教授、王立協会研究教授を経て、1993～1996年王立がん研究所所長、2003～2011年米ロックフェラー大学学長、2010～2015年王立協会会長、2010年より現職、フランシス・クリック研究所所長。2001年にノーベル生理学・医学賞を受賞したほか、2002年に仏レジオン・ドヌール勲章、2013年にアルベルト・アインシュタイン世界科学賞を受賞。世界中の大学から70以上の名誉学位や名誉フェローシップを受賞。首相科学技術顧問。本書が初の著書となる。

訳者

竹内薫

Kaoru Takeuchi

1960年東京生まれ。理学博士、サイエンス作家。東京大学教養学部、理学部卒業、カナダ・マギル大学大学院博士課程修了。小説、エッセイ、翻訳など幅広い分野で活躍している。主な訳書に『宇宙の始まりと終わりはなぜ同じなのか』(ロジャー・ペンローズ著、新潮社)、『奇跡の脳』(ジル・ボルト・テイラー著、新潮文庫)などがある。

WHAT IS LIFE?
(ホワット・イズ・ライフ?)
生命とは何か

2021年3月9日　第1刷発行
2021年3月29日　第2刷発行

著　者　ポール・ナース
訳　者　竹内薫
発行所　ダイヤモンド社
〒150-8409　東京都渋谷区神宮前6-12-17
https://www.diamond.co.jp/
電話／03･5778･7233（編集）　03･5778･7240（販売）
ブックデザイン　鈴木千佳子
DTP　宇田川由美子
校　正　神保幸恵
製作進行　ダイヤモンド・グラフィック社
印　刷　三松堂
製　本　ブックアート
編集担当　田畑博文

　ISBN 978-4-478-11107-9